ISW 50

Berichte aus dem Institut für Steuerungstechnik
der Werkzeugmaschinen und Fertigungseinrichtungen
der Universität Stuttgart

Herausgegeben von Prof. Dr.-Ing. G. Stute †

W. RUNGE

Simulation des dynamischen Verhaltens elektrohydraulischer Schaltungen

Einsatz von geräteorientierten
universellen Simulationsbausteinen

Springer-Verlag Berlin Heidelberg GmbH

D 93

Mit 76 Abbildungen

ISBN 978-3-540-13139-7   ISBN 978-3-662-09908-7 (eBook)
DOI 10.1007/978-3-662-09908-7

Geleitwort des Herausgebers

Das Institut für Steuerungstechnik der Werkzeugmaschinen und Fertigungseinrichtungen der Universität Stuttgart befaßt sich mit den neuen Entwicklungen der
Werkzeugmaschinen und anderen Fertigungseinrichtungen, die insbesondere durch
den erhöhten Anteil der Steuerungstechnik an den Gesamtanlagen gekennzeichnet
sind. Dabei stehen die numerisch gesteuerten Werkzeugmaschinen in Programmierung, Steuerung, Konstruktion und Arbeitseinsatz sowie die vermehrte Verwen-
dung des Digitalrechners in Konstruktion und Fertigung im Vordergrund des In-
teresses.

Im Rahmen dieser Buchreihe sollen in zwangloser Folge drei bis fünf Berichte pro
Jahr erscheinen, in welchen über einzelne Forschungsarbeiten berichtet wird. Vorzugsweise kommen hierbei Forschungsergebnisse, Dissertationen, Vorlesungsmanu-
skripte und Seminarausarbeitungen zur Veröffentlichung.

Diese Berichte sollen dem in der Praxis stehenden Ingenieur zur Weiterbildung
dienen und helfen, Aufgaben auf diesem Gebiet der Steuerungstechnik zu lösen.
Der Studierende kann mit diesen Berichten sein Wissen vertiefen.

Unter dem Gesichtspunkt einer schnellen und kostengünstigen Drucklegung wird
auf besondere Ausstattung verzichtet und die Buchreihe im Fotodruck hergestellt.

Der Herausgeber dankt dem Springer-Verlag für Hinweise zur äußeren Gestaltung
und Übernahme des Buchvertriebs.

<u>Vorwort</u>

Die vorliegende Arbeit entstand während meiner Tätigkeit als wissenschaft-
licher Assistent am Institut für Steuerungstechnik der Werkzeugmaschinen
und Fertigungseinrichtungen (ISW) der Universität Stuttgart.

Dem verstorbenen Institutsleiter, Herrn Professor Dr.-Ing. G. Stute danke
ich für seine Unterstützung und seine Anregungen, die eine wesentliche
Voraussetzung zur Durchführung dieser Arbeit waren. Vor allem gilt ihm
jedoch meine Achtung für das Beispiel, das er in seiner Tätigkeit als
Institutsleiter und Hochschullehrer gegeben hat.

Herrn Prof. Dr.-Ing. A. Storr, unter dessen kommissarischer Instituts-
leitung ich die Promotion abschließen konnte, bin ich für die eingehende
Durchsicht der Arbeit sehr verbunden.

Herrn Prof. DTech.h.c. K. Tuffentsammer danke ich für seine Bereitschaft,
den Mitbericht zu übernehmen.

Darüber hinaus möchte ich allen Mitarbeitern des Institutes, die mich
bei meiner Arbeit unterstützt haben, herzlich danken. Dies gilt insbesondere für die Herren Dipl.-Ing. W. Renn, Dr.-Ing. J. Schwager, Dipl.-
Ing. G. Keuper, Herrn cand. ing. D.K. Nguyen und Frau U. Bürkert.

Inhaltsverzeichnis

0   Verwendete Größen und Abkürzungen

0.1   Geometrische und physikalische Größen

A	m^2	Fläche
A_{NR}		Katalognummer für Blendenfläche
b	m	Spaltbreite
$C_{K,G}$	F	resultierende Gesamtkapazität an einer Koppelstelle
c_F	N/m	Steifigkeit
$c_{F,G}$	N/m	resultierende Gesamtsteifigkeit
d	$N \cdot s/m$	viskoser Dämpfungsbeiwert
F	N	Kraft
F_{AX}	N	axiale Strömungskraft
F_C	N	Coulombsche Reibkraft
F_F	N	Federkraft
F_K	N	resultierende Kraft an einer Koppelstelle
$F_{R,G}$	N	resultierende Gesamtreibkraft
F_{VOR}	N	Federvorspannkraft
G	$m^4/s/\sqrt{N}$	hydraulischer Leitwert
h	m	Spalthöhe
I	A	Strom
l	m	Länge
$NANZ_{KN}$		Anzahl der Knoten in einer Simulationsschaltung
P		Druckanschluß
p	N/m^2	Druck
$\dot{p}$	$N/m^2/s$	Druckanstiegsgeschwindigkeit
P_{iH}	N/m^2	Druck am i.-hydraulischen Anschluß eines Simulationsbausteins
p_K	N/m^2	resultierender Druck an einer Koppelstelle
Δp	N/m^2	Druckdifferenz
Q	l/min	Volumenstrom
$Q_{jH,kH}$	l/min	Volumenstrom vom i.- zum j.-hydraulischen Anschluß in einem Simulationsbaustein
r	m	Radius

S_E		Signalempfänger
S_G		Signalgeber
s	m	Weg
$\dot{s}$	m/s	Geschwindigkeit
$\ddot{s}$	m/s^2	Beschleunigung
s_{MAX}	m	maximaler Weg
s_{MIN}	m	minimaler Weg
$s_{\ddot{U}}$	m	absoluter Öffnungsweg
s_{REL}	m	Überdeckung
s_{SP}	m	Spiel
T		Tankanschluß
t	s	Zeit
U	V	Spannung
u		Systemeingangsvariable
V	m^3	Volumen
v		Systemvariable
α		Durchflußzahl
η	Pa·s	dynamische Viskosität
ζ		Widerstandsbeiwert
ρ	kg/m^3	Dichte
φ	grd	Winkel
ω	grd/s	Winkelgeschwindigkeit

0.2 <u>Mathematische Größen in Kap.2.3, 2.4, 5</u>

A		Abweichung
a		Steigungsfaktor für Schrittweitensteuerung
ANZ_{DGL}		Anzahl von DGL
E		lokaler Abbrechfehler (Schrittfehler)
E_{REL}		normierter Schrittfehler
EPS		absolute Fehlerschranke
EPS_{REL}		normierte Fehlerschranke
f		Funktionswert einer Differentialgleichung
h	s	Schrittweite
k_i		Zuwachs einer Zustandsvariablen bezogen auf die Schrittweite h

L		Parameter zur Fehlerrechnung
N_{FKT}		Anzahl von Funktionsauswertungen f_i
P_i		Stützpunkte der Näherungslösung innerhalb eines Intervalls
$P_{F,i}$		Stützpunkte zur Funktionsauswertung innerhalb eines Intervalls
p		Ordnung eines numerischen Berechnungsverfahrens
R		Restwert einer Entwicklung
s		Anzahl der Funktionsauswertungen zur Integration eines Intervalls h
T	s	Zeitkonstante
t	s	Zeit
t_{CPU}	s	Rechenzeit
Δt	s	zu simulierender Zeitraum
u		Systemeingangsgröße
v		Systemvariable
y		Zustandsvariable
$\overline{y}$		lineares Feld der Werte der Zustandsvariablen
$\overline{y}_n$		exakte Lösung zum Zeitpunkt t_n
y_n		Näherungslösung zum Zeitpunkt t_n
$\hat{y}$		Näherungslösung $p+1$.-Ordnung
y_{AKT}		aktueller Wert einer Zustandsvariablen
y_{REL}		Bezugswert einer Zustandsvariablen
Z		Stabilitätsbereich
α		Koeffizient der numerischen Lösung
β		Koeffizient der numerischen Lösung
γ		Koeffizient der numerischen Lösung
$\delta\dot{y}$		Steigungsfehler
δy		aufgelaufener Fehler
λ		Eigenwert einer Zustandsvariablen

0.3 <u>Geometrische und physikalische Größen in Kap. 4.2</u>

A_D	m	Düsenquerschnitt
a_M	m	Abstand
a_S	m	Schwerpunktabstand
b_E	m	Breite der Empfangsöffnungen
c_M		Konstante
E	m^2/N	Elastizitätsmodul
F_D	N	Dämpfungskraft
F_F	N	Kraft am Federende
F_M	N	Magnetkraft
J	$kg \cdot m^2$	Flächenträgheitsmoment
l_D	m	Länge des Düsenkörpers
l_F	m	Federlänge
l_S	m	Düsenabstand
M_D	$N \cdot m$	Dämpfungsmoment
M_F	$N \cdot m$	Moment am Federende
M_b	$N \cdot m$	Biegemoment
p_1, p_2	N/m^2	Auffangdrücke
p_{1GES}	N/m^2	Gesamtdruck
p_{2GES}	N/m^2	Gesamtdruck
p_R	N/m^2	Rücklaufdruck
p_S	N/m^2	Versorgungsdruck
R		Rücklauf
S		Schwerpunkt
x	m	Länge
ζ	m	Länge
$\zeta_{MIN, MAX}$	m	Grenzen für Düsenkörperlänge
η	m	Auslenkung
η_D	m	Auslenkung der Düsenspitze
η_E	m	Auslenkung des Strahls an den Empfangsöffnungen
η_F	m	Auslenkung am Federende
η_S	m	Schwerpunktsauslenkung
μ_D	$m \cdot s/N$	Dämpfungsfaktor

ξ	m	Koordinate für Druckaufbau
ϕ	V·s	magnetischer Fluß
Θ	kg·m^2	Trägheitsmoment
σ		Formfaktor

0.4 Abkürzungen und Begriffe

CPU	Central Processor Unit
DBV	Druckbegrenzungsventil
DGL	Differentialgleichung
DMV	Druckminderventil
H	Hydraulik
K	Kolben
M	Mechanik
MAX	maximal
MIN	minimal
REKONA	Rechnerunterstützte Konstruktion hydrostatischer Anlagen
REKDAT	REKONA - Datenbank
REKDYN	REKONA - Dynamik
RK	Runge-Kutta
RK4	Standard-Runge-Kutta
RKD	Runge-Kutta-Dormand
RKE	Runge-Kutta-England
RKEU	Runge-Kutta-Euler
RKF	Runge-Kutta-Fehlberg
RKFR	Runge-Kutta-Fehlberg-Rechenberg
RKH	Runge-Kutta-Heun
RKM	Runge-Kutta-Merson
RKS	Runge-Kutta-Scraton
RKT	Runge-Kutta-Treanor
RKV	Runge-Kutta-Verner
S	Signal
SB	Steuerblende
SI	Standard International
ZV	Zustandsvariable

1 Einleitung

Ein Schwerpunkt bei der Entwicklung und beim Einsatz hydraulischer Bauelemente wird in den kommenden Jahren in der Verknüpfung von stetig einstellbaren, hydraulischen Antrieben mit Steuerungen auf der Basis von Mikrorechnern liegen. Dadurch werden die Vorteile beider Techniken miteinander verbunden.

Auf der Antriebsseite ermöglicht die hohe Leistungsdichte der Hydraulik dynamisch hochwertige Antriebe bei kleinem Bauvolumen sowie eine gute Energieausnützung durch hohe Wirkungsgrade. Auf der Steuerungsseite können aufgrund der hohen Informationsdichte und der großen Verarbeitungsgeschwindigkeit der Elektronik flexiblere Ansteuerungen eingesetzt und leistungsfähigere Regelverfahren programmiert werden /1,2/.

In der Anwendung ergeben sich dadurch neue Problemstellungen. Neben einer Komplexitätssteigerung werden vor allem auch die Anforderungen an die dynamischen Eigenschaften der Antriebe steigen. Eine optimale Dynamik wird jedoch nur dann erreicht werden können, wenn die Elektronik unter Einbeziehung der Regelverfahren und die Hydraulik nicht getrennt voneinander sondern ganzheitlich ausgelegt werden.

Um eine breite Anwendung der Mikrorechnertechnologie in der Hydraulik zu ermöglichen, muß daher ein Hilfsmittel zur Verfügung stehen, das es erlaubt, diese vollständige Antriebslösung (bestehend aus Elektronik und Hydraulik) bereits während der Projektierung ohne großen Programmieraufwand auszulegen und zu optimieren.

Stand der Technik ist allerdings, daß selbst in der Projektierung rein hydraulischer Schaltungen nur in Ausnahmefällen das dynamische Verhalten berechnet wird, da der Aufwand für die Modellbildung und die Programmierung immer noch zu groß ist /5,6/.

Aus der Berechnung des stationären Verhaltens sind Ansätze bekannt /7/, den Aufbau eines mathematischen Modells für eine komplexe Schaltung zu modularisieren und damit zu vereinfachen. Für die einzelnen Gerätetypen werden die Programme nur einmal erstellt und als sogenannte Simulationsbausteine in einer Programmbibliothek abgelegt. Dies wird als geräteorientiert bezeichnet. Beim Aufbau des vollständigen Modells kann dann auf diese Bausteine zurückgegriffen werden/8/.

Ein Nachteil dieses Verfahrens ist, daß für jede spezielle Konstruktionsausführung ein neues mathematisches Modell abgeleitet werden muß und somit selbst bei kleinen Konstruktionsänderungen umfangreiche Programmierungen erforderlich werden.

Weiterhin wird bei der Berechnung eines stationären Arbeitspunktes die Masse und die Kompressibilität des Öls vernachlässigt. Dies ist bei der Berechnung des dynamischen Verhaltens nicht mehr zulässig /10/. Ziel der Arbeit ist es daher, für ganzheitliche Untersuchungen des dynamischen Verhaltens elektrohydraulischer Systeme ein Simulationssystem zu entwikkeln, das folgende Punkte beinhaltet:

- Modularer, geräteorientierter Aufbau des vollständigen mathematischen Modells aus vorhandenen mathematischen Teilmodellen (Simulationsbausteine).

- Entwicklung von universellen Simulationsbausteinen, die auf unterschiedliche Gerätetypen und Konstruktionsausführungen anwendbar sind.

- Reduzierung der Simulationsdurchführung für einen Anwender auf die Erstellung einer Strukturbeschreibung für eine elektrohydraulische Schaltung, ohne daß er selbst mathematische Ableitungen oder Programmerstellungen durchführen muß.

- Berücksichtigung von Masse und Kompressibilität des Öls
  bei der Kopplung von Simulationsbausteinen.

Bei der Realisierung dieser Punkte entfällt die umständliche
Arbeitsweise, für jede zu untersuchende Schaltung das vollständige mathematische Modell jeweils neu zu programmieren,
vollständig.

Bild 1.1 zeigt das aufgrund der genannten Anforderungen entwickelte Konzept einer anwenderorientierten digitalen Simulation des dynamischen Verhaltens elektrohydraulischer Systeme. Dabei wird die Strukturbeschreibung der Schaltung über
ein benutzergeführtes Dialogprogramm generiert.

Bei einer Anbindung an ein übergeordnetes Programmsystem zur
rechnerunterstützten Konstruktion hydrostatischer Anlagen
(REKONA/10/) soll die Strukturbeschreibung über eine defi-
nierte Schnittstelle ohne Benutzereingriff direkt übernommen
werden.

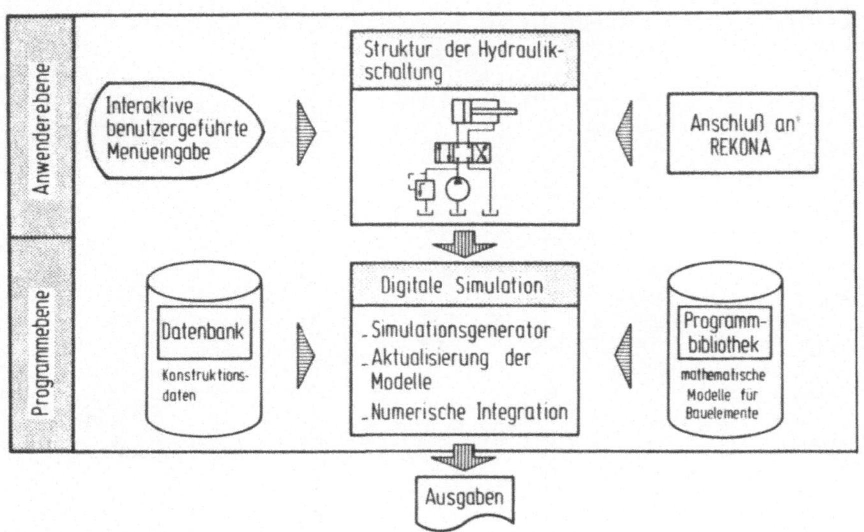

Bild 1.1: Modulare geräteorientierte Simulation auf der
           Basis von universellen Simulationsbausteinen

Die sich anschließende Simulation kann dann automatisch erfolgen, wenn ein Simulationsgenerator existiert, der aufgrund
der Strukturbeschreibung aus den einzelnen Simulationsbausteinen das vollständige gekoppelte mathematische Modell generiert. Über geeignete numerische Berechnungsverfahren wird
das daraus resultierende Gleichungssystem gelöst.

Bei Realisierung dieses Konzepts entfällt die umständliche
Arbeitsweise, für jede zu untersuchende Schaltung das voll-
ständige mathematische Modell jeweils neu zu programmieren.
Dies erfordert jedoch zunächst eingehende Untersuchungen zur
Simulationsdurchführung.

2 <u>Simulationsdurchführung - Stand der Technik und Definitionen</u>

Die Durchführung einer Simulationsaufgabe kann nach /10/ in
mehrere nacheinander zu durchlaufende Stufen unterteilt werden. Bei den einzelnen Übergängen von einer zur anderen Bear-
beitungsstufe werden, wie in <u>Bild 2.1</u> dargestellt, voneinander
unabhängige Aufgabenstellungen aus unterschiedlichen Wissens-
gebieten angesprochen. Die Darstellung des derzeitigen Standes
der Technik darf sich deshalb nicht auf ein Teilgebiet beschrän-
ken, sondern muß alle Schritte der Simulationsdurchführung um-
fassen.

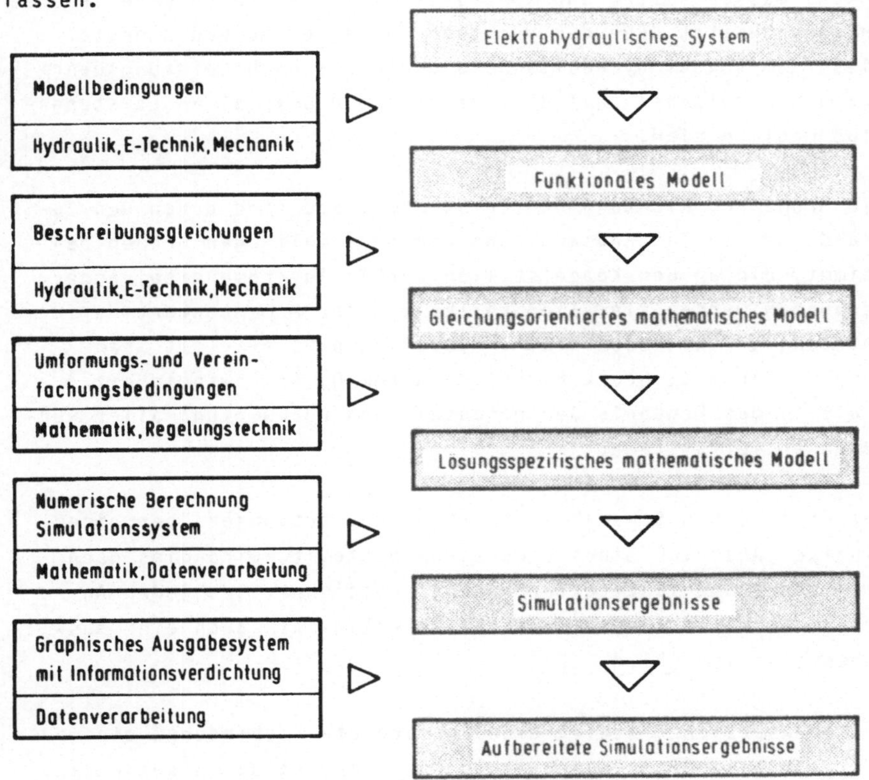

<u>Bild 2.1:</u> Bearbeitungsstufen und Voraussetzungen bei der
Simulationsdurchführung

2.1 Charakteristische Eigenschaften elektrohydraulischer Systeme

Da über die grundsätzlichen Eigenschaften elektrohydraulischer Systeme in zahlreichen Veröffentlichungen berichtet worden ist, kann auf vorhandene Ergebnisse zurückgegriffen werden. Sie sind im Rahmen dieser Arbeit so zusammenzufassen, daß sie als Grundlage für die weiteren Untersuchungen dienen können.

Nach /11/ darf bei der Berechnung des dynamischen Verhaltens hydraulischer Systeme nicht vernachlässigt werden, daß das Öl sowohl massebehaftet und kompressibel ist als auch eine innere Reibung besitzt. Für den geräteorientierten Aufbau bedeutet dies, daß sowohl hydraulische Signal- als auch Leistungsübertragungen zwischen zwei Bauelementen nur über einen Leistungsfluß möglich sind.

Die Größe und Richtung der Leistungsflüsse sind durch den Zustand und die Zustandsänderung der physikalischen Größen bestimmt, die an den Koppelstellen der Teilsysteme miteinander verbunden werden. In allen Fällen ist der Momentanwert der Leistung an der Koppelstelle, z.B. $U \cdot I$, $p \cdot Q$, $\dot{s} \cdot F$ (mit Spannung U, Strom I, Druck p, Volumenstrom Q, Geschwindigkeit $\dot{s}$, Kraft F), das Ergebnis der gegenseitigen Rückwirkung aller vorhandenen Teilsysteme.

Werden in einem Schemabild Leistungsübertragungen über einen einzigen Anschluß eines Blockes dargestellt, wird dies nach /12/ als "ungerichtete Verbindung" bezeichnet, da jeder Anschluß an einem Baustein sowohl eine Ein- als auch eine Ausgabestelle ist (Bild 2.2).

Im Gegensatz dazu stellt eine "gerichtete Verbindung" eine rückwirkungsfreie Signalübertragung dar. Eingang und Ausgang sind vollständig voneinander entkoppelt und beeinflussen sich nicht gegenseitig. Wichtigstes Kennzeichen ist, daß an jedem Anschluß

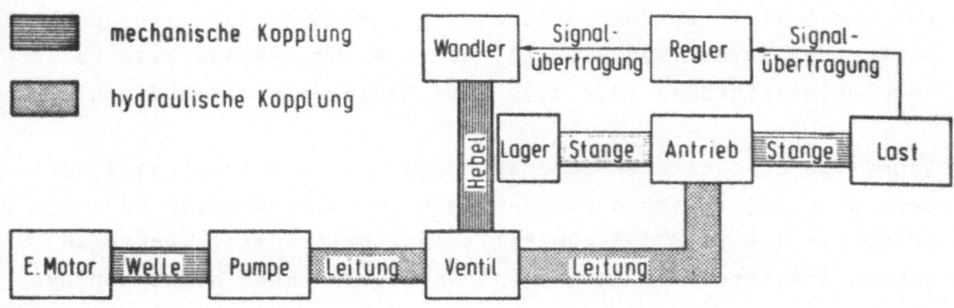

Bild 2.2: Ungerichtete Schemadarstellung eines elektrohydraulischen Regelsystems

nur eine einzige physikalische Größe als Signal S übertragen
wird. Eine ungerichtete Verbindung kann durch zwei gerichtete
ersetzt werden (Bild 2.3).

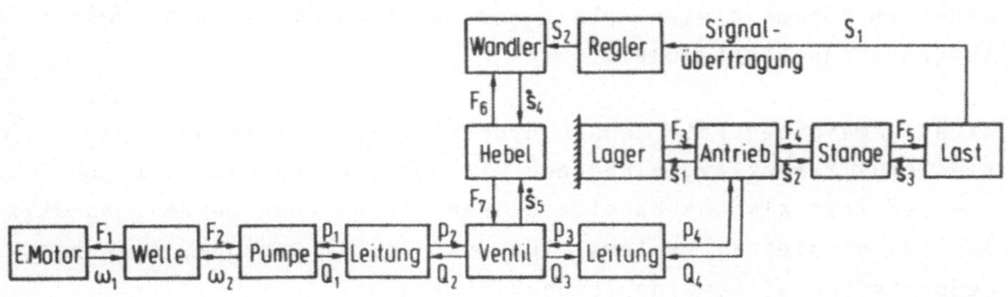

Bild 2.3: Gerichtete Darstellung eines elektrohydraulischen
Regelsystems

Für die ganzheitliche Betrachtung aller physikalischen Größen
wird im weiteren Verlauf der Arbeit die Systemtheorie nach
/10/ verwendet. Danach lassen sich alle physikalischen Größen
nach ihrer Zuordnung zu einem der Grundsysteme Hydraulik (H),
Elektrik (E), Mechanik (M) und Thermodynamik (T) sowie der
Art ihrer Beziehungen zum physikalischen Raum klassifizieren.

Dabei werden als Einpunktgrößen die Größen bezeichnet, die zur
Beschreibung ihres Zustandes bzw. zur Messung nur eines Raum-
punktes bedürfen (z.B. I,Q,F), während zur Zustandsbeschreibung
der Zweipunktgrößen (U,p,s,š) zwei Raumpunkte notwendig sind.

Grundlage der weiteren Untersuchungen ist die leistungsbehaftete Kopplung zwischen Bauelementen in ungerichteter Darstellung. Wie aus Bild 2.3 ebenfalls ersichtlich ist, werden an
diesen Schnittstellen zwischen den Bauelementen nicht nur hydraulische, sondern auch mechanische und elektronische Größen
übertragen. Diese Unterschiede müssen beim Simulationsaufbau berücksichtigt werden. Zusätzlich können auch Signalübertragungen z.B. bei der Verarbeitung von Meßsignalen auftreten.

2.2 Funktionales Modell

Über die funktionale Modellbildung elektrischer Systeme wird
in zahlreichen Arbeiten berichtet /13,14,15/. Auf sie braucht
daher im Rahmen dieser Arbeit nur bei Schnittstellenbetrach-
tungen eingegangen werden.

Im allgemeinsten Fall können hydraulische Systeme über partielle Differentialgleichungen mit den drei Raumkoordinaten
und der Zeit als unabhängige Größen beschrieben werden. Ansätze
zur Lösung dieses Problems sind aus /16,17/ bekannt, erlauben
jedoch keine allgemeingültige Obertragung.

Für lange Ölleitungen wird die Ausbreitung von Druckwellen
über die Annahme von stehenden Wellen und deren Reflexionen
z.B. an Abknickungen getroffen. Versuche hierüber sind allerdings bisher nur für recht einfache Leitungsführungen gemacht
worden /18,19/, so daß diese Modellbildung nicht generell auf
alle Geräte übertragen werden kann. Es ist jedoch denkbar, diese
Modelle in einem speziellen Baustein "Leitung" zu realisieren.

Wie in einer großen Anzahl technisch interessanter Fälle läßt
sich jedoch auch das Systemverhalten elektrohydraulischer Sy-

steme mit ausreichender Genauigkeit beschreiben, wenn die
Ortsabhängigkeit in 1.Näherung unberücksichtigt bleibt. Die
stofflichen Eigenschaften werden dann in sog. "konzentrierten
Elementen" realisiert.

Diese Annahme ist dann berechtigt, wenn sich die Änderungen
der Systemgrößen in dem kleinsten Zeitintervall, das für die
Untersuchung von Bedeutung ist, über eine Strecke ausbreiten,
die wesentlich größer ist als die größte Abmessung des Systems /10/. Die Grenze für eine brauchbare Näherung ist dann
erreicht, wenn diese Strecken im Verhältnis 1:10 zueinander
stehen. Diese Voraussetzung trifft für die elektrohydraulischen Antriebssysteme zu.

Da die Modellbildung über konzentrierte Elemente technisch
sinnvolle Lösungen ergibt /10/ und außerdem momentan am weitesten verbreitet ist, wird sie für das zu entwickelnde Simulationssystem verwendet.

Die konzentrierten Elemente können nach den Typen verlustlose Energiespeicher, verlustlose Energiekoppler und Energiewandler, Verbraucher (irreversible Energiewandler) klassifi-
ziert werden. Bild 2.4 zeigt eine Zusammenfassung der wich-
tigsten konzentrierten Elemente in der Hydraulik. Die grundlegenden Beziehungen sind in zahlreichen Lehrbüchern und Veröffentlichungen /11,20,21,22,23/ beschrieben und stellen
keine Schwierigkeit bei der Simulationsdurchführung dar.

Eine weit schwierigere Aufgabenstellung - die bis heute nicht
zufriedenstellend gelöst ist,- besteht in der systematischen
Erfassung und Aufbereitung der nichtlinearen Verläufe zahlreicher, experimentell zu erfassender Kenngrößen. Bei der Über-
tragung von bekannten Versuchsergebnissen in die Berechnung ergeben sich dadurch Probleme, da oftmals eine genaue Beschreibung der Randbedingungen der Versuchsdurchführung fehlt.

Das führt dazu, daß auch bei der Simulation zunächst über-
schlägig mit konstanten Parametern,z.B. für die Durchflußzahl α

Bezeichnung	Sinnbild	Beschreibungsgleichung	Bemerkungen
Verbraucher			
Rohrleitung Bohrung		$Q = \dfrac{\pi \cdot r^4}{8 \cdot \eta \cdot l}\, \Delta p$ (2.1)	η dynamische Viskosität r Radius l Leitungslänge
Flachspaltdrossel		$Q = \dfrac{b\, h^3}{12\, \eta \cdot l}\, \Delta p$ (2.2a)	b Spaltbreite h Spalthöhe l Spaltlänge
Ringspaltdrossel		$Q = \dfrac{\pi\, r\, (2h)^3}{48\, \eta\, l}\, \Delta p$ (2.2b)	r mittlerer Radius h Spalthöhe l Spaltlänge
Krummer		$Q = A \sqrt{\dfrac{2}{\zeta\, \rho}\, \Delta p}$ (2.3)	A Krümmerquerschnitt ζ Widerstandsbeiwert ρ Öldichte
Blende		$Q = \alpha\, A \sqrt{\dfrac{2}{\rho}\, \Delta p}$ (2.4)	α Durchflußzahl A konstante Blendenfläche
Steuerblende		$Q = \alpha\, A_{SB} \sqrt{\dfrac{2}{\rho}\, \Delta p}$ (2.5)	A_{SB} variable Steuerblendenfläche
Energiespeicher			
Steuerschieber		$\ddot{s} = \sum\limits_i^n F_i / m$ $Q_K = A_K\, \dot{s}$ (2.6)	$\ddot{s}, \dot{s}$ Beschleunigung, Geschwindigkeit m Kolbenmasse Q_K Schluckvolumenstrom A_K Kolbenfläche
Hydraulische Kapazität		$\dot{p} = \dfrac{Q}{\beta \cdot V} = \dfrac{Q \cdot E}{V}$ (2.8)	$\dot{p}$ Druckanstiegsgeschwindigkeit β Kompressibilitätsfaktor E Elastizitätsmodul V Volumen
Hydraulische Induktivität		$\dot{Q} = \sum \dfrac{A}{l}\, \Delta p$ (2.9)	A Leitungsquerschnitt l Leitungslänge $\dot{Q}$ Volumenstromanstiegsgeschwindigkeit

Generell gilt : Q Volumenstrom , Δp Druckunterschied

Blende öffnet } mit $\Delta s > 0$
Blende schließt } $A_{SB} = f(s)$

⇨ mechanische Bestätigung

Bild 2.4: Konzentrierte Elemente in der Hydraulik (Beispiele)

gerechnet wird. Steigen die Anforderungen an die Simulationsgenauigkeit, erscheint es sinnvoll, den nichtlinearen Verlauf von Parametern über eine stationäre Messung zu ermitteln und in die Simulation aufnehmen zu können.

Mit Hilfe der Sinnbilder wird ein schematisches Geräteabbild - das funktionale Modell - aufgestellt /24/. Es wird in der

Hydraulik üblicherweise als Ersatzschaltbild bezeichnet.
Ein Beispiel zeigt <u>Bild 2.5.</u> Auf der Ebene von Bauelementen
sind zahlreiche Arbeiten bekannt, die auf sehr detaillierten,
funktionalen Modellen aufbauen und auch sehr gute Übereinstimmung zwischen Simulation und Messung zeigen /25,26,27,28,29/.

Die Problematik beim heutigen Stand der Technik liegt daher
nicht darin, ein exaktes Modell einer speziellen Konstruktionsausführung eines Gerätetyps abzuleiten, sondern den Modellauf-
bau zu systematisieren und zu standardisieren. Dadurch können
gegenüber dem bisherigen Stand /9/ bei dem lediglich Parameter wie Kolbenmasse oder Durchmesser verändert werden können, universellere und allgemeingültiger einsetzbare mathematische Modelle entwickelt werden.

Ansätze dazu könnten sich aus der Theorie der hydraulischen
Brückenschaltungen ergeben. Sie wurde ausgehend von Blackburn /11/, Weule /22/ und Backe /30/ weiterentwickelt. Eine
universelle Brückenschaltung hat in der Simulationstechnik
noch keine Anwendung gefunden, da sie ein strukturvariables
mathematisches Modell voraussetzt. Dies ist programmtechnisch
schwierig zu realisieren.

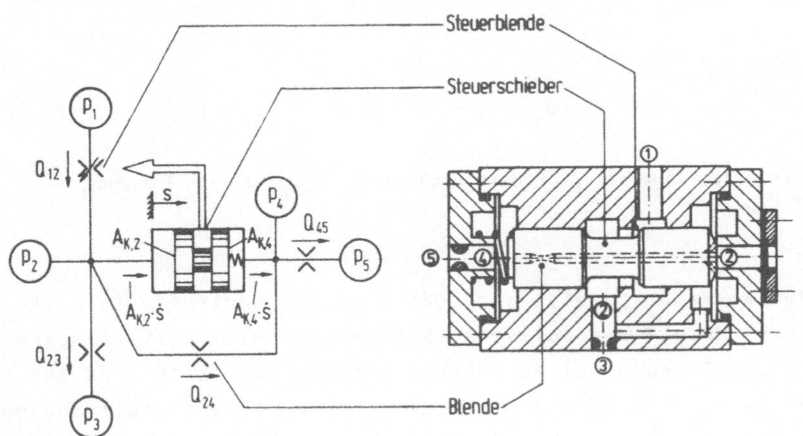

<u>Bild 2.5:</u> Funktionale Modellbildung für die Hauptsteuerstufe
eines Druckminderventils

2.3 Gleichungsorientiertes und lösungsspezifisches mathematisches Modell

Ausgehend vom Ersatzschaltbild kann das gleichungsorientierte mathematische Modell direkt ohne weiteren Zwischenschritt erstellt werden. Für das in __Bild 2.5__ dargestellte Ersatzschaltbild stellen die Gleichungen 2.9 ... 2.15 das vollständige mathematische Modell dar.

__Durchflußgleichungen__

$$Q_{12} = \alpha_{12} \cdot A_{SB} \cdot \sqrt{\frac{2}{\rho} \cdot (p_2 - p_1)} \; ; \qquad A_{SB} = f(s) \tag{2.9}$$

$$Q_{23} = \alpha_{23} \cdot A_{23} \cdot \sqrt{\frac{2}{\rho} \cdot (p_3 - p_2)} \tag{2.10}$$

$$Q_{24} = \alpha_{24} \cdot A_{24} \cdot \sqrt{\frac{2}{\rho} \cdot (p_4 - p_3)} \tag{2.11}$$

$$Q_{45} = \alpha_{45} \cdot A_{45} \cdot \sqrt{\frac{2}{\rho} \cdot (p_5 - p_4)} \tag{2.12}$$

__Speichergleichungen__

$$Q_{p2} = Q_{12} - Q_{23} - Q_{24} - A_{K,2} \cdot \dot{s} \; ; \qquad \dot{p}_2 = \frac{Q_{p2}}{\beta \cdot V_2} \tag{2.13}$$

$$Q_{p4} = Q_{24} - Q_{45} + A_{K,4} \cdot \dot{s} \qquad ; \qquad \dot{p}_4 = \frac{Q_{p4}}{\beta \cdot V_4} \tag{2.14}$$

__Bewegungsgleichung__

$$m \cdot \ddot{s} = \sum_{i=1}^{n} F_i = p_2 \cdot A_{K,2} - p_4 \cdot A_{K,4} - d \cdot \dot{s} - c_F \cdot s - F_{VOR} - F_{AX} \tag{2.15}$$

(mit Federsteifigkeit c_F, Federvorspannkraft F_{VOR}, axiale Strömungskraft F_{AX}.)

In der Normalform setzt sich das gleichungsorientierte mathematische Modell hydraulischer Systeme aus einem Satz linearer und nicht-linearer algebraischer Gleichungen (2.16) und aus einem Satz linearer und nicht-linearer Differentialgleichungen 1.Ordnung (2.17.a) zusammen. Die vektorielle Schreibweise zeigt Gleichung 2.17.b.

Mit den Zustandsvariablen y_k, den Eingangsvariablen u_k und den
Systemvariablen v_k gilt nach /49/:

$$v_k(t) = g_k(y_1,\ldots,y_n;\ u_1,\ldots,u_p;\ v_{k,konst};t) \quad k = 1,\ldots,q \qquad (2.16)$$

$$\dot{y}_j(t) = f_j(y_1,\ldots,y_n;\ u_1,\ldots,u_p;\ v_1,\ldots,v_q;t) \quad j = 1,\ldots,n \qquad (2.17a)$$

$$\text{mit } \vec{v} = f(\vec{y},t) \text{ und } \vec{u} = f(t) \text{ gilt } \vec{y} = f(\vec{y},\vec{u},\vec{v},t) \qquad (2.17b)$$

Als lösungsspezifisch wird die formale Darstellung des mathematischen Systems bezeichnet, die als Eingabe für eine bestimmte Lösungs- und Untersuchungsmethode geeignet ist. Nach
/31/ ist es für eine numerische Lösung am zweckmäßigsten, direkt von der gleichungsorientierten Eingabe auszugehen, da
dann das allgemeine mathematische System direkt ohne Umformung zur Eingabe in die numerische Berechnung weiterverwen-
det werden kann.

Bedingt durch ausgereifte regelungstechnische Untersuchungs-
methoden wird von vielen Anwendern die gleichungsorientierte
Darstellung in eine Blockschaltbilddarstellung umgeformt.
Ein Genauigkeitszuwachs ist damit nicht verbunden, zudem entsteht durch die Umformung ein zusätzlicher Arbeitsaufwand.
Linearisierungen bedingen grundsätzlich einen Genauigkeitsver-
lust.

Gerichtete Verbindungen eignen sich vor allem dann, wenn sich
viele entkoppelte Elemente im Schaltbild befinden oder wenn
komplexe Systeme in ihrem Verhalten so abstrahierbar sind,
daß sie durch einen einzigen Block ersetzt werden können. Sie
sind wichtig für regelungstechnische Studien, eignen sich jedoch weniger zur Optimierung von Konstruktionen im Detail.

Ein Problem bei der Darstellung ist, daß die notwendigen Blök-
ke nicht mehr nur funktions- bzw. konstruktionsorientiert
sind, sondern auch rein mathematische Elemente enthalten, z.B.
Addierer, Multiplizierer und Vergleichsstellen. Dies führt für
Ungeübte leicht zu unübersichtlichen Darstellungsformen (Bild
2.6).

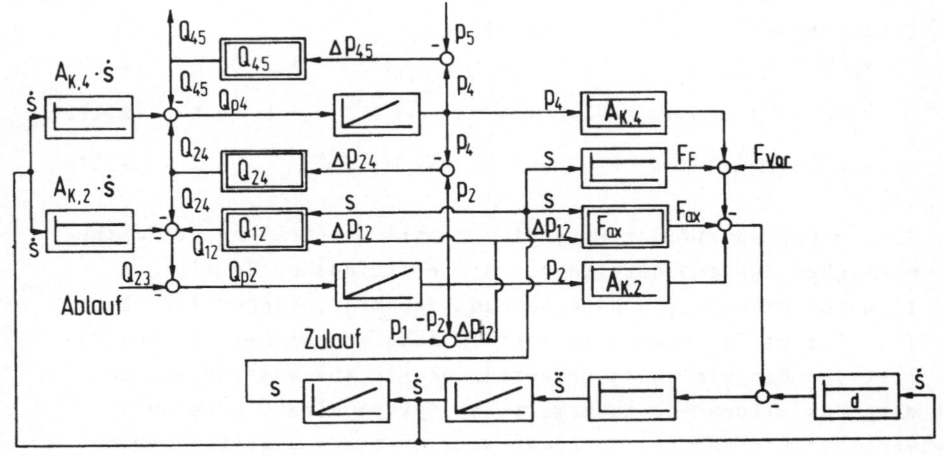

Bild 2.6: Blockschaltbilddarstellung der Hauptsteuerstufe eines vorgesteuerten Druckminderventils /32/

Der größte Nachteil der gerichteten Darstellung besteht vor allem darin, daß Rückwirkungen über zusätzlich einzuführende Verbindungen zu realisieren sind. Das physikalische System kann durch unterschiedliche Modelle dargestellt werden. Hat man während erster Berechnungen erkannt, daß das Modell Rückwirkungen nicht ausreichend berücksichtigt, muß eine neue Struktur aufgestellt werden.

Aufgrund dieser Überlegungen erscheint die gerichtete Blockschaltbilddarstellung, wie sie in /20/ verwendet wird, zur detaillierten Optimierung elektrohydraulischer Geräte und Systeme ungeeignet.

Für den Aufbau des mathematischen Modells in den Simulationsbausteinen wird im Rahmen dieser Arbeit die gleichungsorientierte Darstellung gewählt.

2.4 Numerische Berechnungsverfahren

Innerhalb des aufzubauenden Simulationssystems hat die numerische Berechnung die grundlegende Aufgabe, für ein vorliegendes Gleichungssystem eine Lösung mit bestimmter Genauigkeit bei möglichst geringem Rechenaufwand zu liefern. Dieser optimale Anspruch ist nicht universell durch ein Berechnungsverfahren für alle vorliegenden Gleichungssysteme zu lösen /31,33/.

Da sich Genauigkeit, numerische Stabilität und Gesamtrechenzeit eines Verfahrens gegenseitig beeinflussen und außerdem noch in Abhängigkeit von der Art des zu untersuchenden Systems zu sehen sind, kann das jeweils günstigste Verfahren nur ein Kompromiß hinsichtlich verschiedener, schwer abzuwägender Gesichtspunkte sein /34/.

Dem Verfasser sind keine Arbeiten bekannt, die sich mit der Auswahl problemspezifischer Berechnungsverfahren für elektrohydraulische Systeme befassen. Dieser Punkt sollte daher eingehender untersucht werden. Im Zusammenhang damit ist auch das Problem der Schrittweitensteuerung zu sehen. Diese hat kaum Eingang gefunden, da die programmtechnische Realisierung zahlreicher Funktionen (z.B. Totzeit) in Verbindung mit einer variablen Schrittweite weit schwieriger zu lösen ist als mit einer konstanten Schrittweite /35,36/.

2.4.1 Genauigkeit der Verfahren

Einschrittverfahren /31/ benötigen zum Start des Verfahrens nur einen Satz Anfangswerte der Zustandsvariablen und werden daher als selbststartend bezeichnet. Die bekanntesten Einschrittverfahren werden auf Runge-Kutta zurückgeführt. Am weitesten verbreitet ist das Standard-Runge-Kutta-Verfahren mit konstanter Schrittweite (Bild 2.7). Abgeleitete Verfahren entstehen durch Variation der Koeffizienten α und β für die Wahl der Stütz-

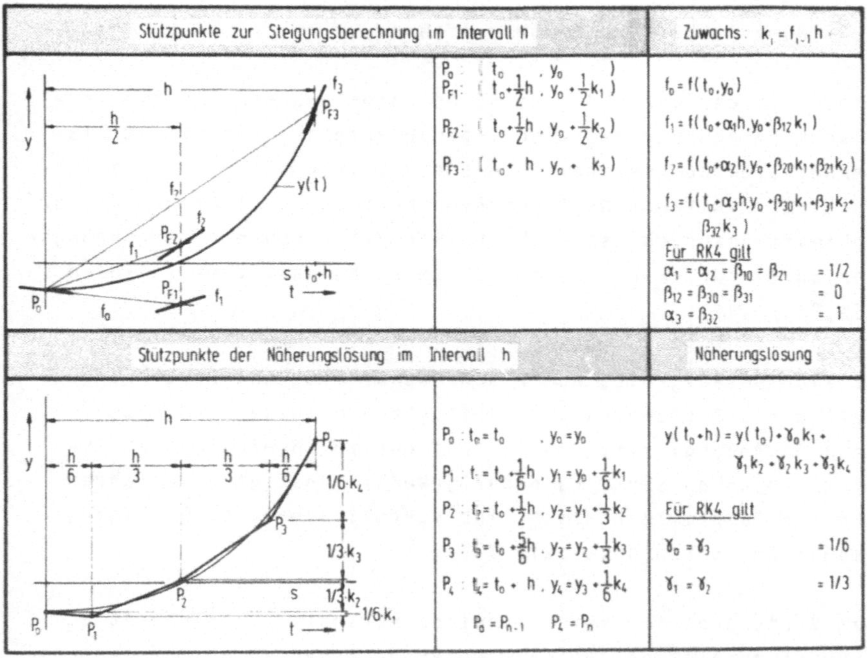

Stützpunkte zur Steigungsberechnung im Intervall h — **Zuwachs: $k_i = f_{i-1} h$**

$$P_0 : (\ t_0\ ,\ y_0\ )$$
$$P_{F1} : (\ t_0 + \tfrac{1}{2}h\ ,\ y_0 + \tfrac{1}{2}k_1\ )$$
$$P_{F2} : (\ t_0 + \tfrac{1}{2}h\ ,\ y_0 + \tfrac{1}{2}k_2\ )$$
$$P_{F3} : (\ t_0 + h\ ,\ y_0 + k_3\ )$$

$$f_0 = f(\ t_0, y_0\ )$$
$$f_1 = f(\ t_0 + \alpha_1 h,\ y_0 + \beta_{12} k_1\ )$$
$$f_2 = f(\ t_0 + \alpha_2 h,\ y_0 + \beta_{20} k_1 + \beta_{21} k_2\ )$$
$$f_3 = f(\ t_0 + \alpha_3 h,\ y_0 + \beta_{30} k_1 + \beta_{31} k_2 + \beta_{32} k_3\ )$$

Für RK4 gilt

$$\alpha_1 = \alpha_2 = \beta_{10} = \beta_{21} = 1/2$$
$$\beta_{12} = \beta_{30} = \beta_{31} = 0$$
$$\alpha_3 = \beta_{32} = 1$$

Stützpunkte der Näherungslösung im Intervall h — **Näherungslösung**

$$P_0 : t_e = t_0\ ,\ y_0 = y_0$$
$$P_1 : t = t_0 + \tfrac{1}{6}h\ ,\ y_1 = y_0 + \tfrac{1}{6}k_1$$
$$P_2 : t_2 = t_0 + \tfrac{1}{2}h\ ,\ y_2 = y_1 + \tfrac{1}{3}k_2$$
$$P_3 : t_3 = t_0 + \tfrac{5}{6}h\ ,\ y_3 = y_2 + \tfrac{1}{3}k_3$$
$$P_4 : t_4 = t_0 + h\ ,\ y_4 = y_3 + \tfrac{1}{6}k_4$$
$$P_0 = P_{n-1} \qquad P_4 = P_n$$

$$y(t_0 + h) = y(t_0) + \gamma_0 k_1 + \gamma_1 k_2 + \gamma_2 k_3 + \gamma_3 k_4$$

Für RK4 gilt

$$\gamma_0 = \gamma_3 = 1/6$$
$$\gamma_1 = \gamma_2 = 1/3$$

Bild 2.7: Formelsatz des Standard-Runge-Kutta-Verfahrens(RK4)

punkte P_i, an denen die Funktionswerte f_i der DGL und damit
die Ordinatenzuwächse k_i berechnet werden. Die Gewichtung der
k_i ist für die einzelnen Verfahren unterschiedlich. Sie wird
durch den Parameter γ bestimmt. Es ist zu beachten, daß die
Stützpunkte der Funktionsauswertung $P_{F,i}$ und die Stützpunkte
P_i der Näherungslösung für einen Berechnungsschritt nicht
identisch sind.

Mehrschrittverfahren benötigen zur Berechnung mehrere vorange-
gangene Funktionswerte. Zum Starten eines Mehrschrittverfah-
rens muß eine Anlaufrechnung mit einem Einschrittverfahren
durchgeführt werden. Nach einer Unstetigkeitsstelle wird ebenfalls eine Anlaufrechnung notwendig. Dies geht stark in die
Rechenzeit ein. Aus diesem Grund sind Mehrschrittverfahren zur
Lösung von Systemen mit vielen Unstetigkeiten ungeeignet/31/.

Die bei der Integration von einem Zwischenschritt t_{n-1} zum nächsten Schrittzeitpunkt t_n mit der Rechenschrittweite $h = t_n - t_{n-1}$ auftretenden verfahrensbedingten Fehler zeigt <u>Bild 2.8.</u> Sie entstehen durch den Näherungscharakter der Integrationsformel, bei der die Lösung der DGL schrittweise in Form eines Polygonzuges approximiert wird. Die verschiedenen Integrationsformeln können mit der Taylor-Entwicklung im Punkt $P_{n-1}(t_{n-1}, y_{n-1})$ verglichen werden. In Gleichung 2.18 und Gleichung 2.19 bedeutet dabei $f^{(p)}$ die p.-te Ableitung der Funktion f nach der Zeit t.

$$y_n = y_{n-1} + \frac{f(t_{n-1}, y_{n-1})}{1!}\, h + \frac{f^{(2)}(t_{n-1}, y_{n-1})}{2!}\, h^2 + \ldots \qquad (2.18)$$

$$\frac{f^{(p)}(t_{n-1}, y_{n-1})}{p!}\, h^p + R_n$$

Man nennt die Genauigkeit eines Verfahrens "von p.-Ordnung", wenn sein Ergebnis bis zum Glied h^p einschließlich mit der Taylorreihenentwicklung übereinstimmt /31/. Der durch den Abbruch entstandene Fehler wird lokaler Abbrechfehler E genannt und ist von (p+1).-Ordnung, wenn die Glieder höherer Ordnung vernachlässigt werden(Gl.2.19).

$$E = \frac{1}{(p+1)!}\, f^{(p+1)}(t_{n-1}, y_{n-1})\, h^{p+1} = O(h^p) \sim R_n \qquad (2.19)$$

Die Bedeutung des Abbrechfehlers liegt darin, daß er einen Genauigkeitsvergleich der einzelnen Verfahren gestattet, obwohl für ihn die Annahme gilt, daß der jeweils eingehende Funktionswert exakt ist und keine Rundungsfehler auftreten. Der am Ende einer Rechnung wirklich aufgelaufene Fehler kann nur bei linearen Systemen genau erfaßt werden. In allen übrigen Fällen muß er abgeschätzt werden <u>(Bild 2.8)</u>.

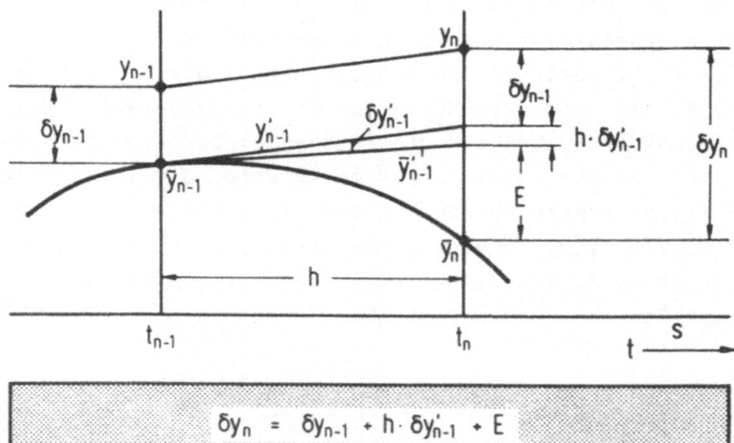

<u>Bild 2.8:</u> Verfahrensbedingte Fehler am Beispiel eines Verfahrens 1.Ordnung

Die Grenze zwischen Verfahren niedriger und höherer Ordnung liegt bei p=3. Im weiteren Verlauf der Arbeit werden die Verfahren in abgekürzter Schreibweise folgendermaßen dargestellt: 1. Vorangestelltes RK, 2. Anfangsbuchstabe des Verfassers, 3. Ordnung des Verfahrens (z.B. <u>R</u>unge-<u>K</u>utta-<u>M</u>erson <u>4</u>.Ordnung= RKM4). In der Regel entspricht die Anzahl der Funktionsauswertungen s für einen Berechnungsschritt h der Ordnung p des Verfahrens. Abweichungen werden angegeben. Die Anzahl der Stützpunkte P_i der Näherungslösung beträgt z = s-1.

Zu den Verfahren niedriger Ordnung gehören Runge-Kutta-Euler (RKEU1)/31/ und Runge-Kutta-Heun (RKH2)/31/. Zu den Verfahren höherer Ordnung gehören das Standard-Runge-Kutta (RK4) /31/, Runge-Kutta-Merson (RKM4)/31/, Runge-Kutta-England (RKE4)/37/, Runge-Kutta-Dormand (RKD5)/38/, Runge-Kutta-Scraton (RKS5)/39/, Runge-Kutta-Verner (RKV5)/40/, Runge-

Kutta-Fehlberg (RKF3, RKF4, RKF5)/41,42/, Runge-Kutta-Fehl-
berg-Rechenberg (RKFR3, RKFR4, RKFR5)/35/,Runge-Kutta-Trea-
nor(RKT4)/62/.

Liegen die Wertebereiche der einzelnen Zustandsvariablen weit
auseinander, so sind nach /31/ Verfahren höherer Ordnung mit
der damit verbundenen höheren Genauigkeit einzusetzen.

2.4.2 Numerische Stabilität

Integrationsverfahren zeigen bei zu groß gewählter Schrittweite die Eigenschaft, daß aufgrund des Näherungscharakters
des Verfahrens, die numerische Lösung instabil wird, obwohl
die genaue Lösung der gegebenen DGL stabil ist. Diese allein
durch das numerische Verfahren bedingte Instabilität wird als
numerische Instabilität bezeichnet /36/.

Der absolute Stabilitätsbereich Z ist für die einzelnen Verfahren unterschiedlich /31,35/. Bild 2.9 zeigt die Stabilitätsbereiche für die bekanntesten RK-Verfahren. Er liegt innerhalb
der eingezeichneten Stabilitätsgarantie. Da die Kurven symme-
trisch zur reellen λ-h Achse sind, wurde nur die obere Hälfte
dargestellt. Die Form und die absolute Größe des Stabilitätsbereiches sind wesentliche Kriterien zur Auswahl von problemspezifischen Berechnungsverfahren.

Eine Begründung ist dadurch gegeben, daß die benötigte Rechenzeit t_{CPU} umgekehrt proportional zur Schrittweite h ist.
Die maximale Rechenschrittweite h_{MAX} ist eine Funktion des
größten aktuellen Eigenwertes $\lambda_{i,MAX}$ eines DGL-Systems und
des absoluten Stabilitätsbereiches Z des numerischen Berechnungsverfahrens (Gl. 2.20). Das bedeutet, daß immer nur die
kleinste Zeitkonstante und damit die schnellste Zustandsvariable ZV die Schrittweite bestimmt.

$$h_{MAX} \leq \frac{Z}{|\lambda_i|_{MAX}} = Z \cdot T_{i,MIN} \quad \text{mit} \quad T_{i,MIN} = \frac{1}{|\lambda_i|_{MAX}} \qquad (2.20)$$

Große Eigenwerte $\lambda_{i,MAX}$ bzw. kleine Zeitkonstanten $T_{i,MIN}$ führen zu kleinen Rechenschrittweiten h und damit zu langen Rechenzeiten t_{CPU}.

Die Form des Stabilitätsbereiches muß besonders bei schwach gedämpften Systemen beachtet werden, da hier der imaginäre Anteil am Eigenwert besonders groß ist. Mit der Form des Stabilitätsbereiches des Eulerschen Verfahrens (RKEU1) wäre daher die Lösung eines schwach gedämpften Systems nur mit sehr kleiner Rechenschrittweite und die eines ungedämpften Systems überhaupt nicht möglich. Hier ist die Form des RK4-, des RKM4- und der RKF-Verfahren 3.und 4.Ordnung am günstigsten (Bild 2.9).

Die Größe des Stabilitätsbereiches wird dann entscheidend, wenn unwesentliche, aber schnelle Lösungsanteile, die oft in der Lösung nicht erkennbar sind, vorhanden sind. Hier muß die Rechenschrittweite h aufgrund der großen absoluten Eigenwerte ausreichend klein gewählt werden, damit das Verfahren stabil integriert. Für diesen Fall ist es also wichtig, daß der absolute Stabilitätsbereich möglichst groß ist. Dies gilt ebenfalls, wenn die Eigenwerte der einzelnen ZV weit auseinanderliegen.

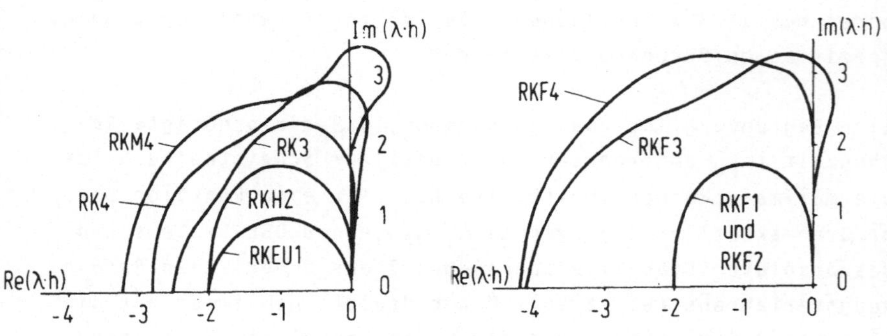

Bild 2.9: Stabilitätsbereiche für RK-Verfahren

2.4.3 Verfahren mit automatischer Schrittweitensteuerung

Werden Simulationen über einen längeren Zeitraum durchgeführt,
so ist es wünschenswert, die Schrittweite den jeweiligen Er-
fordernissen anzupassen. So wird sichergestellt, daß die numerische Lösung über den gesamten Integrationsbereich stabil
bleibt und gleichzeitig so wenig wie nötig Integrationsschrit-
te ausgeführt werden müssen. Dadurch wird die Rechenzeit redu-
ziert. Besonderes Gewicht bekommt die automatische Schrittweitensteuerung, wenn die Verläufe der Eigenwerte stark schwanken.
Voraussetzung hierfür ist eine Berechnung des Schrittfehlers E.

Die Gleichung 2.19 zur Berechnung des Schrittfehlers kann
nicht explizit gelöst werden. Hier werden Näherungen nötig.
Das Verfahren nach Merson (RKM4) benötigt für die Lösung 4.Ord-
nung wie das RK4-Verfahren 4 Auswertungen. Durch Hinzunahme
lediglich einer weiteren Auswertung 5.Ordnung kann der Abbrechfehler jedoch nach Gleichung 2.21 abgeschätzt werden:

$$E = y_n - \hat{y}_n \qquad y_n = \text{Lösung} \quad \text{p.Ordnung} \qquad (2.21)$$
$$\hat{y}_n = \text{Lösung (p+1).Ordnung}$$

Weitere Verfahren mit Fehlerrechnung sind RKE4, RKV5, RKS5,
RKD5. Sie ermöglichen vor allem auch für nichtlineare DGL-
Gleichungssysteme genaue Fehlerabschätzungen. Bild 2.10 zeigt
den prinzipiellen Gleichungsaufbau und beispielhaft die Koeffizienten für das RKM4- und das RKF4- Verfahren.

Allgemeine Form:

Funktionsauswertungen:

$$f_0 = f(t_0, y_0) \qquad \text{mit } P_0(t_0, y_0) = P_{n-1}(t_{n-1}, y_{n-1})$$

$$f_i = f(t_0 + \alpha_i \cdot h, \; y_0 + h \sum_{j=1}^{i-1} \beta_{ij} \cdot f_j) \qquad \begin{array}{l} \text{für } i=1 \text{ bis } s-1 \\ \text{für } j=0 \text{ bis } i-1 \end{array}$$

Funktionswert   p.-Ordnung:

$$y_n = y_0 + h \sum_{i=0}^{s-1} \gamma_i \cdot f_i + 0(h^{p+1})$$

Funktionswert (p+1).-Ordnung: Fehler:

$$\hat{y}_n = y_0 + h \sum_{i=0}^{s} \hat{\gamma}_i \cdot f_i + 0(h^{p+2}) \qquad\qquad E = |y_n - \hat{y}_n|$$

	i	α_i	β_{i0}	β_{i1}	β_{i2}	β_{i3}	β_{i4}	γ_i	$\hat{\gamma}_i$
RKM4	0							$\frac{1}{2}$	$\frac{1}{6}$
$p=4$	1	$\frac{1}{3}$	$\frac{1}{3}$					0	0
$s=5$	2	$\frac{1}{3}$	$\frac{1}{6}$	$\frac{1}{6}$				$-\frac{3}{2}$	0
	3	$\frac{1}{2}$	$\frac{1}{8}$	0	$\frac{3}{8}$			2	$\frac{2}{3}$
	4	1	$\frac{1}{2}$	0	$-\frac{3}{2}$	2		$-$	$\frac{1}{6}$
RKF4	0	0	0					$\frac{25}{216}$	$\frac{16}{135}$
$p=4$	1	$\frac{1}{4}$	$\frac{1}{4}$					0	0
$s=6$	2	$\frac{3}{8}$	$\frac{3}{32}$	$\frac{9}{32}$				$\frac{1408}{2565}$	$\frac{6656}{12825}$
	3	$\frac{12}{13}$	$\frac{1932}{2197}$	$-\frac{7200}{2197}$	$\frac{7296}{2197}$			$\frac{2197}{4104}$	$\frac{28561}{56430}$
	4	1	$\frac{439}{216}$	-8	$\frac{3680}{513}$	$-\frac{845}{4104}$		$-\frac{1}{5}$	$-\frac{9}{50}$
	5	$\frac{1}{2}$	$-\frac{8}{27}$	2	$-\frac{3544}{2565}$	$\frac{1859}{4104}$	$-\frac{11}{40}$		$\frac{2}{55}$

Bild 2.10: Gleichungsaufbau für Runge-Kutta-Verfahren
            mit Fehlerrechnung

2.5 Simulationssysteme

Ausgangspunkt des dynamischen Verhaltens kontinuierlicher Systeme war die Berechnung auf dem Analogrechner. Zur Bereitstellung der Eingabe mußten alle in Kap.2 dargestellten Schritte bis zur Erstellung eines Blockschaltbildes einschließlich einer Normierung aller Größen durchgeführt werden.

Die blockorientierte Simulation /43,44/ auf dem Digitalrechner stellt bereits eine vereinfachte Handhabung des Simulationsproblems dar, da die Normierung entfällt. Im Prinzip ist sie aber nur eine Obertragung der prinzipiellen Simulationshandhabung auf den Digitalrechner, ohne die Möglichkeiten des Digitalrechners voll auszunützen.

Einen wesentlichen Schritt zur vereinfachten Handhabung der Simulation bilden die gleichungsorientierten Simulationssysteme /45/. Bereits das gleichungsorientierte mathematische Modell dient als Eingabe für die Simulation. Die umständliche Darstellung des Blockschaltbildes bei detaillierter Abbildung der Konstruktion entfällt dadurch.

Erste Ansätze zur weiteren Vereinfachung bietet das in den USA entwickelte ENPORT-Programm /46/. Es wurde auf der Grundlage der sogenannten Bondgraphen /11,47/ entwickelt und ermöglicht eine rückwirkungsbehaftete Kopplung von mathematischen Modellen auf der Ebene von Geräten.

Aus Deutschland sind Arbeiten bekannt, die für hydraulische Antriebe rückwirkungsbehaftete Verknüpfungen behandeln /9/. Die einzelnen mathematischen Modelle sind jedoch nur für eine einzige konstruktive Ausführung eines Gerätetyps (z.B. Druckminderventil in Kolbenschieberbauweise mit Ringnut) anwendbar. Zudem basieren die jeweiligen internen Modelle auf Blockschaltbildebene. Zur numerischen Berechnung wird das RK4-Verfahren mit konstanter Schrittweite eingesetzt.

Da ein ganzheitlicher Ansatz zur geräteorientierten Simulation des dynamischen Verhaltens elektrohydraulischer Systeme nicht bekannt ist, und die bekannten Programme die Anforderungen an ein problemspezifisches Simulationssystem jeweils nur in Teilbereichen erfüllen, sollen folgende Punkte im Rahmen dieser Arbeit näher untersucht werden:

- Ableitung von einheitlichen Algorithmen zur geräteorientierten Kopplung von Bauelementen für hydraulische, mechanische, elektrische Verbindungen und für Signalübertragungen.

- Systematisierung und Standardisierung der mathematischen Modelle hydraulischer Geräte. Ziel ist dabei die Modellvielfalt zu reduzieren und z.B. über ein universelles Modell durch Variantenbildung unterschiedliche hydraulische Gerätetypen simulieren zu können.

- Untersuchung von problemspezifischen numerischen Berechnungsverfahren mit dem Ziel, die notwendige Rechenzeit unter Beibehaltung der numerischen Stabilität zu reduzieren.

Eine Übersicht des entwickelten Gesamtkonzeptes und seines modularen Aufbaus zeigt <u>Bild 2.11.</u>

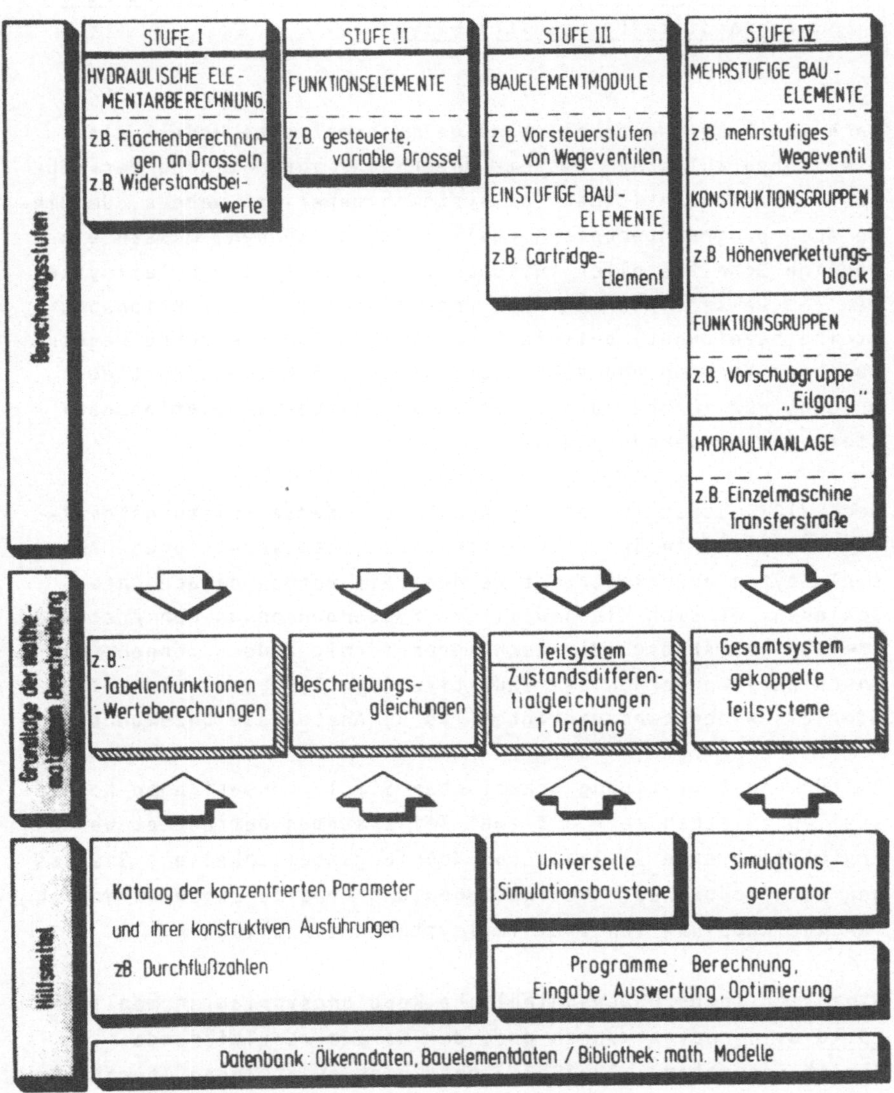

Bild 2.11: Konzept eines gerätemodularen Simulationssystems

3   <u>Algorithmierte Kopplung physikalischer Teilsysteme über standardisierte Schnittstellen</u>

Nach Kap.1 soll das vollständige mathematische Modell eines elektrohydraulischen Systems durch eine automatische Verknüpfung von mathematischen Teilsystemen generiert werden. Um diese auch programmtechnisch realisieren zu können, müssen eindeutige Schnittstellen zwischen den mathematischen Teilsystemen (im weiteren Verlauf der Arbeit auch als Simulationsbausteine bezeichnet) definiert und immer wiederkehrende Regeln zu ihrer Verknüpfung vereinbart werden. Für diese Festlegung braucht der innere Aufbau der zu koppelnden Simulationsbausteine nicht bekannt zu sein.

Nach /12/ müssen für die in Kap.2 geforderte leistungsbehaftete Kopplung in den Simulationsbausteinen verschiedene Anschlußtypen berücksichtigt werden. Sie werden danach unterschieden, ob sich die jeweiligen Systemgrößen an den Anschlußstellen nur stetig oder auch sprungförmig ändern können. Die Anschlußtypen werden als induktive (Typ 1), kapazitive (Typ 2) oder als widerstandsgeprägte (Typ 3) Anschlüsse bezeichnet.

Da für die Bewältigung praktischer Simulationsaufgaben Koppelstellen zwischen mehr als zwei Teilsystemen betrachtet werden, ergibt sich eine Vielzahl von Kopplungsmöglichkeiten. Sie lassen sich jedoch auf Kombinationen und Erweiterungen an Verfahren zur Kopplung von zwei Teilsystemen zurückführen.

Hier sind sechs unterschiedliche Kopplungsvarianten möglich <u>(Bild 3.1).</u> Davon können drei der daraus resultierenden Gleichungssysteme (12,23,31) ohne eine zusätzliche Iterationsrechnung zur Bestimmung der Momentanwerte der Zustandsvariablen an der Koppelstelle gelöst werden /12/.

Die iterationsfreien Kopplungsbedingungen können prinzipiell wie folgt beschrieben werden:

- Bei der Verknüpfung (12) ist die Eingangsgröße des einen
  Teilsystems eine Zustandsvariable des jeweils anderen
  Teils. Damit sind die Eingangsgrößen beider Teile jeder-
  zeit bekannt, so daß sich die zeitliche Ableitung der
  Zustandsvariablen leicht ermitteln läßt.

- Die Spannung U an der Koppelstelle wird bei der Verknüpfung (23) zu einer Zustandsvariablen. Die Klemmenströme
  I_1 und I_2 können direkt aus U berechnet werden.

- Mit dem Strom I_1 als Zustandsvariable ist bei der Verknüpfung (31) auch I_2 gegeben, U kann direkt aus I bestimmt werden /12/.

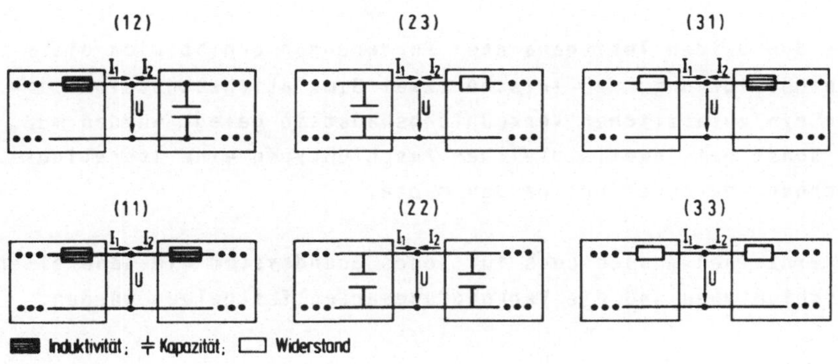

Bild 3.1: Leistungsbehaftete Kopplungsarten /12/

Die beim ENPORT-Programm mögliche Vielfalt der Kopplungsarten führt zu einer erschwerten Modellbildung und vor allem
zu einer unübersichtlichen Handhabung. Dies ist der wesentliche Grund, daß es keine weite Verbreitung gefunden hat. Es erscheint daher sinnvoll, eine Standardisierung der Simulationsbausteine über eine Reduzierung der Anschlußtypen am Baustein
und der Kopplungsarten zwischen den Bausteinen zu erzielen.
Folgendes Konzept wird entwickelt:

- Für jedes physikalische Grundsystem wird eine getrennte
  Verknüpfungsschaltung aufgebaut. An jeder Verknüpfungsstel-
  le werden nur Größen gleicher Grundsysteme miteinander
  gekoppelt. Umwandlungen zwischen den physikalischen Grund-
  systemen werden in den Simulationsbausteinen durchgeführt.

- Zur Standardisierung der Modellableitung wird für jedes
  physikalische Grundsystem nur ein Anschlußtyp vorgesehen.
  Dieser kann für die einzelnen Grundsysteme unterschiedlich
  sein.

- Um die Rechenzeit zu reduzieren, werden nur solche Ver-
  knüpfungstypen realisiert, die keiner zusätzlichen Iterationsrechnung zur Bestimmung der momentanen Leistung an
  der Koppelstelle bedürfen.

Aus den beiden letztgenannten Forderungen ergibt sich die
Schlußfolgerung, daß zwischen zwei Simulationsbausteinen immer ein zusätzlicher Verknüpfungsbaustein gelegt werden muß,
da sonst bei jeweils gleichen Anschlußtypen eine Iterationsrechnung durchgeführt werden müßte.

Im einzelnen müssen noch für jedes Grundsystem die generellen
Anschlußtypen und die Verknüpfungsarten festgelegt werden.

3.1 Leistungsbehaftete Kopplung von hydraulischen Teilsystemen

Eine Analyse durchgeführter Modellbildungen für hydraulische
Systeme hat ergeben, daß die funktionalen Modelle von Kompo-
nenten in der Regel über sogenannte Eingangs- bzw. Ausgangswi-
derstände von der restlichen Schaltung entkoppelt sind. Der
Anschlußtyp 3 wird daher für das hydraulische Grundsystem als
Standardanschluß für den Simulationsbaustein bestimmt. Das bedeutet, daß jede hydraulische Verbindung innerhalb eines Simu-
lationsbausteines mit einem Widerstand abgeschlossen wird.

Zur Erzeugung einer iterationsfreien, ungerichteten Verknüpfung ist es notwendig, zwischen zwei Widerständen einen Energiespeicher zu legen. Rechentechnisch ist es dabei unbedeu-
tend, ob es sich um eine Kapazität oder eine Induktivität handelt. Die Verknüpfung erfordert lediglich eine Beschreibung
nach dem 1. oder nach dem 2.Kirchhoff'schen Gesetz.

In der Modellbildung öfter eingesetzt werden jedoch kapazitive
Verknüpfungen, da vor allem bei Verkettungsschaltungen die Län-
gen der zu beschleunigenden Ölsäulen sehr kurz sind. Damit
wird der induktive Einfluß klein gegenüber dem kapazitiven.
Rohrleitungen mit einer großen Länge der Ölsäule können über
einen gesonderten Baustein beschrieben werden. Die Modellbildung kann über mehrere aneinandergeschaltete Induktivitäten
oder durch eine partielle DGL durchgeführt werden.

Das allgemeine Schema zur rückwirkungsbehafteten Kopplung hydraulischer Systemgrößen und die vom Programm selbständig zu
generierende Kopplungs-DGL zeigt <u>Bild 3.2.</u> Hierbei berechnet
sich die Druckänderungsgeschwindigkeit $\dot{p}_K$ an der Kopplungsstel-
le über die Summe aller in den Knoten fließenden Volumenströ-
me Q_i, der Ölkompressibilität β und der Summe aller angeschlossenen Teilvolumina V_n. Die Teilvolumina setzen sich aus
den Bauteilvolumina und den anteiligen Leitungsvolumina zusammen.

Bei der zeitlichen Betrachtung der Kopplung ist die Eingangsgröße in die Simulationsbausteine der Kopplungsdruck $p_{K,n-1}$
zum Zeitpunkt $t = t_{n-1}$ zu Beginn eines Berechnungsschrittes.
In den Simulationsbausteinen werden mit $p_{K,n-1}$ die Anschlußvolumenströme berechnet, die zusammen mit den angeschlossenen
Volumina Ausgangsgrößen des Simulationsbausteins für die Kopplung sind. Nach der Auswertung der vom Programm zu realisierenden Kopplungs-DGL wird der Kopplungsdruck $p_{K,n}$ zum Ende
des Berechnungsschrittes ermittelt. Im nächsten Schritt stellt
er den neuen Anfangswert $p_{K,n-1}$ dar.

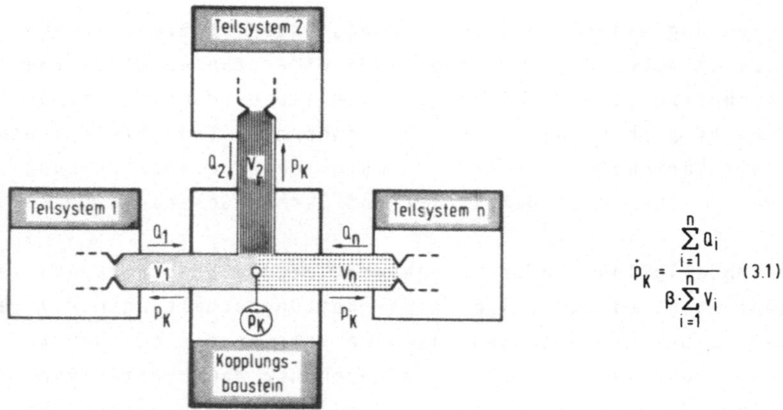

$$\dot{p}_K = \frac{\sum\limits_{i=1}^{n} Q_i}{\beta \cdot \sum\limits_{i=1}^{n} V_i} \qquad (3.1)$$

Bild 3.2: Leistungsbehaftete hydraulische Kopplung

3.2 Leistungsbehaftete Kopplung von mechanischen Teil- systemen

Mechanische Verbindungen kommen in elektrohydraulischen Sy-
stemen, z.B. in Nachformsteuerungen und als Wegrückführungen,
vor. Bei der Schnittstellenbetrachtung zwischen mechanischen
Systemen hat sich das Feder-Dämpfungselement durchgesetzt.
Für eine allgemeinere Betrachtung muß zusätzlich noch ein
Spiel s_{SP} zwischen zwei Bauelementen beachtet werden.

Aus den Anschlußsteifigkeiten $c_{F,i}$ der beteiligten Bauelemente
wird nach Gleichung (3.2) die resultierende Federsteifigkeit
$c_{F,G}$ bestimmt. Wie **Bild 3.3** zeigt, kann die Anschlußsteifigkeit eines Bausteins sowohl aus der Steifigkeit einer Kolbenstange berechnet werden als auch durch eine Feder gegeben sein.

$$\frac{1}{c_{F,G}} = \frac{1}{c_{F,1}} + \frac{1}{c_{F,2}} \qquad (3.2)$$

Bild 3.3: Resultierende Gesamtsteifigkeit der mechanischen Kopplung

Werden die Dämpfung d und das Spiel s_{SP} als globale Größen vorgegeben, berechnet sich die Kraftänderungsgeschwindigkeit $\dot{F}$
über die Summe aller in den mechanischen Knoten fließenden Ge-
schwindigkeiten $\dot{s}_i$, der resultierenden Federsteifigkeit $c_{F,G}$
sowie der Kraftänderungskomponente aus der Summe der angeschlossenen Bauteilbeschleunigungen $\ddot{s}_i$ und der Kopplungsdämp-
fung d. Nach einem Vorzeichenwechsel der resultierenden Geschwindigkeit $\dot{s}_G = \dot{s}_1 + \dot{s}_2$ erfolgt die Berücksichtigung des
vorgegebenen Spiels s_{SP}. Das Schema der mechanischen Verknüpfung und die vom Programm zu generierende Kopplungs-DGL zeigt
Bild 3.4.

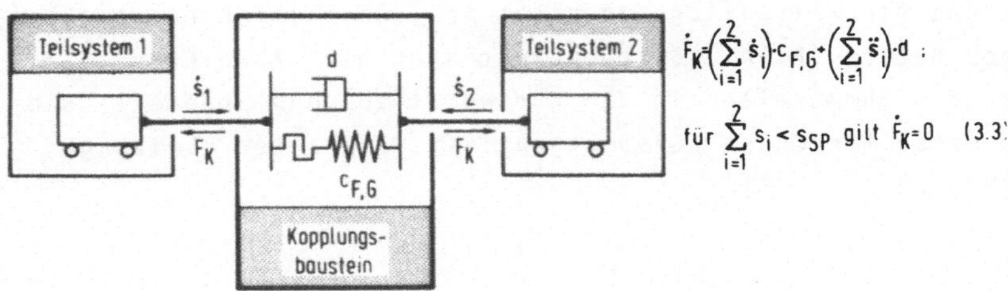

$$\dot{F}_K = \left(\sum_{i=1}^{2} \dot{s}_i\right)\cdot c_{F,G} + \left(\sum_{i=1}^{2} \ddot{s}_i\right)\cdot d \; ;$$

$$\text{für } \sum_{i=1}^{2} s_i < s_{SP} \text{ gilt } \dot{F}_K = 0 \qquad (3.3)$$

Bild 3.4: Leistungsbehaftete mechanische Kopplung

Bei der zeitlichen Betrachtung der Kopplung ist die Eingangsgröße in die Simulationsbausteine die Kopplungskraft $F_{K,n-1}$
zum Zeitpunkt $t = t_{n-1}$ zu Beginn eines Berechnungsschrittes.
Sie stellt einen Summanden in der Bewegungsgleichung dar.

In den Simulationsbausteinen werden die Momentanwerte für die
Geschwindigkeitsänderung $\ddot{s} = d\dot{s}/dt$ berechnet, die zusammen mit
der Anschlußsteifigkeit $c_{F,i}$ Ausgangsgrößen der Simulationsbausteine für die Kopplung sind. Der Weg s ist eine Zustandsvariable des Gesamtsystems. Nach der Auswertung der vom Programm zu realisierenden Kopplungs-DGL wird die Kopplungskraft

$F_{K,n}$ am Ende des Berechnungsschrittes durch numerische Integration ermittelt. Sie stellt für den nächsten Berechnungsschritt den Anfangswert $F_{K,n-1}$ dar.

3.3 Leistungsbehaftete Kopplung von elektrischen Teilsystemen

Beim Aufbau von digitalen Schaltungen werden aus Gründen der konstanten Leistungsversorgung sogenannte Stützkondensatoren eingesetzt. Dieses Verfahren legt es nahe, für die elektrische Verknüpfung analog der hydraulischen vorzugehen. Durch Annahme einer ideellen Kapazität in jedem Knoten des elektrischen Netzes (Bild 3.5) berechnet sich die Ableitung $\dot{U}_K$ über die Summe aller in den Knoten fließenden Ströme I_i und der resultierenden Gesamtkapazität $C_{K,G}$ aller Leitungen nach Gl.3.4.

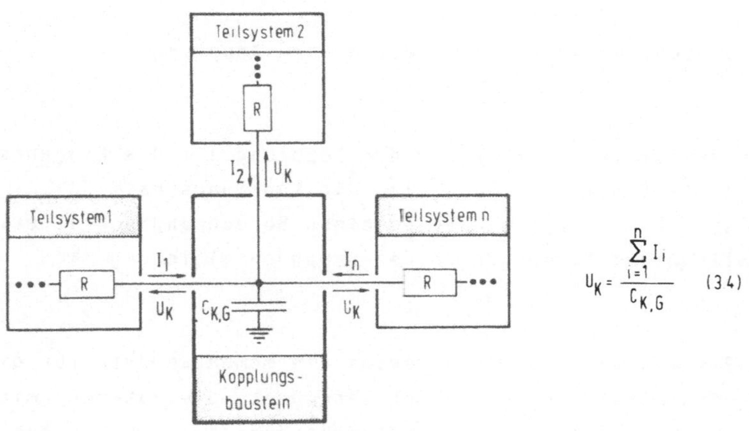

$$U_K = \frac{\sum\limits_{i=1}^{n} I_i}{C_{K,G}} \qquad (34)$$

Bild 3.5: Knoten im elektrischen Netz bei Einführung einer ideellen Kapazität

Damit würde auch U_K zu einer Zustandsvariablen des Gesamtsystems. Da nun in der Regel die Kapazität $C_{K,G}$ elektrischer Leitungen sehr viel kleiner ist als die Kapazität hydraulischer Leitungen, so ergeben sich - in Verbindung mit den niedrigen Leitungswiderständen - für die Knotenspannungen im elektrischen Netz sehr viel kleinere Zeitkonstanten für das Übertragungsverhalten als für die Knotendrücke im hydraulischen Netz.

Nach Kap.2 bedingen jedoch kleinere Zeitkonstanten eine Wahl geringere Schrittweiten für die Integration der System-DGL. Da der Unterschied dieser Zeitkonstanten in der Größenordnung mehrerer Zehnerpotenzen liegt, würde dieses Verfahren in einem elektrohydraulischen Netz zu sehr langen Rechenzeiten führen.

Auch ein iteratives Verfahren, bei dem die Knotenspannungen und Anschlußströme der Elektroblöcke so lange durch eine geeignete Methode variiert werden, bis die Kirchhoff'schen Gesetze erfüllt sind, hätte eine erhebliche Ausweitung der Rechenzeit zur Folge, da diese Iteration jedem, rechenzeitaufwendigen Integrationsschritt zusätzlich überlagert werden müßte.

Aus diesen Gründen wird zunächst auf die Realisierung der leistungsbehafteten elektrischen Kopplung verzichtet. Sie kann jedoch jederzeit analog den Algorithmen für die hydraulischen und die mechanischen Verknüpfungen implementiert werden.

3.4 Gerichtete, rückwirkungsfreie Signalübertragung

Da es für die elektrische Signalübertragung in Meß-, Steuer- und Regelanlagen üblich ist, eingeprägte Ströme und Spannungen zu verwenden /48,49/, wird zusätzlich eine gerichtete, rückwirkungsfreie Signalübertragung realisiert. Dadurch wird es ermöglicht, elektrische Baugruppen und Regelalgorithmen in die Simulation einzubeziehen ohne die Rechenzeit mehr als erforderlich auszudehnen.

In den einzelnen Bausteinen sind als Anschlüsse jeweils Signalgeber oder -empfänger definiert. An einer Signalübertragung sind immer nur ein Geber und ein Empfänger beteiligt. Jeder Geber darf jedoch mehrfach verbunden werden. Die Zuweisung des Ausgangswertes auf den Signaleingang erfolgt im nächsten Simulationsschritt. <u>Bild 3.6</u> zeigt den prinzipiellen Aufbau.

<u>Bild 3.6:</u>   Gerichtete, rückwirkungsfreie Signalübertragung

3.5   <u>Allgemeiner Aufbau eines Simulationsbausteins</u>

Aus den definierten Anschlußtypen für jedes physikalische Grundsystem kann eine für alle abzuleitenden Simulationsbausteine gültige allgemeine "Black Box"-Darstellung entwickelt werden. Unabhängig von der weiteren internen Verschaltung muß jeder Simulationsbaustein den in <u>Bild 3.7</u> dargestellten Schnittstellenaufbau besitzen.

In einem Baustein werden nicht nur einer sondern immer mehrere Anschlüsse vorhanden sein. Die Anschlüsse der einzelnen physikalischen Grundsysteme und der Signalübertragung werden getrennt voneinander und jeweils fortlaufend durchnumeriert. Die jeweilige Reihenfolge ist beliebig.

$$
\begin{array}{llll}
\text{z.B.} & iH : \text{hydraulischer Anschluß} & Nr.i & i=1,\ldots,m \\
\text{z.B.} & jM : \text{mechanischer Anschluß} & Nr.j & j=1,\ldots,n \\
\text{z.B.} & kS : \text{Signalübertragung Anschluß} & Nr.k & k=1,\ldots,p
\end{array}
$$

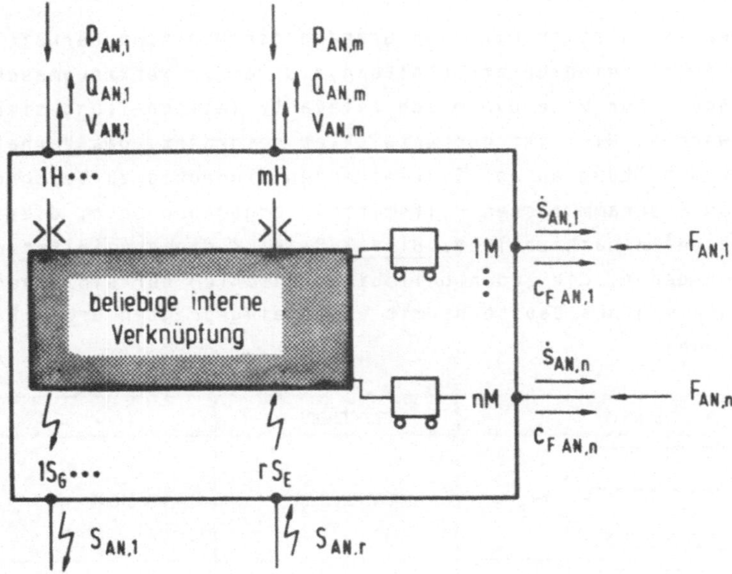

Bild 3.7: Allgemeingültige Schnittstellendefinition für
Simulationsbausteine

Die Signalübertragungen werden zusätzlich mit dem Kennbuch-
staben für die Art des Anschlusses versehen:

G   = Geber
E   = Empfänger

Für die Berechnung der Kopplungs-DGL muß die Definitionsrich-
tung der an den Schnittstellen übertragenen Anschlußgrößen bekannt sein.

Positiv definiert werden:
  - aus dem Simulationsbaustein austretende und in den Kno-
    ten eintretende Volumenströme und Geschwindigkeiten
  - drückende (vom Knoten zum Element wirkende) Kräfte
  - Drücke, Volumina und Nachgiebigkeiten

3.6 Funktionsgeber

Bei einer Simulation wird aus Gründen der Überschaubarkeit
in der Regel keine Gesamtschaltung, z.B. einer Werkzeugmaschi-
ne, sondern nur eine dynamisch relevante Teilschaltung simuliert werden. Hier ist der Entwickler gefordert, das Verhalten der Schaltung an den Systemgrenzen eindeutig zu beschreiben. Vom Programm müssen Hilfsmittel vorgegeben sein, diese
Schnittstelle nachzubilden. __Bild 3.8__ zeigt die abgeleiteten
Funktionsgeber, die jeden beliebigen Anschluß der einzelnen
Teilsysteme eines Bausteins mit einer eingeprägten Größe $\bar{F}$ be-
legen können.

Symbol	Bezeichnung	Funktion
konst. $\bar{F}$	Konstantgeber	$\bar{F}$ = konstant
P_3 P_1 P_2 $\bar{F}$	Sprungfunktion	$\bar{F} = f(P_1, P_2, P_3)$
P_2 $P_4 \ldots P_9$ P_{10} P_1 P_3 $\bar{F}$	Punktfolge Linear interpoliert	$\bar{F} = f(P_1, P_2 \ldots P_{10})$
A_0 A $T=1/f$ $\varphi_0 \cdot T/360°$ $\bar{F}$	Sinusgeber	$\bar{F} = A_0 + A\sin(2\pi f t + \varphi_0)$

__Bild 3.8:__ Funktionsgeber für eingeprägte Größen

Nachdem die Schnittstellen für die Simulationsbausteine definiert worden sind, können im folgenden Kapitel die mathematischen Modelle für die Simulationsbausteine im einzelnen abgeleitet werden.

4 Modellbildung elektrohydraulischer Bauelemente

Nach Kap.1 ist eine Aufgabe dieser Arbeit, gerätetypunabhängige Universalbausteine zu entwickeln (Kap.4.1). Es wird jedoch nicht immer möglich und auch nicht sinnvoll sein, die dabei notwendigen Standardisierungen und Vereinfachungen auf alle zu simulierenden Geräte zu übertragen. Ein Beispiel zur Modellbildung von gerätespezifischen Bauelementen und ihrer Verknüpfung wird in Kap.4.2 vorgestellt.

4.1 Strukturvariable Universalbausteine auf der Basis von Brückenschaltungen

Voraussetzung für einen effektiven Einsatz eines Simulationssystems ist die Vollständigkeit der Modellbibliothek. Es muß angestrebt werden, eine möglichst große Anzahl von Schaltungen ohne Erstellung neuer Simulationsbausteine simulieren zu können. Hier bieten sich prinzipiell zwei Wege an:

- Der Programmersteller versucht, für ein möglichst breites Spektrum von Bauelementen je einen Simulationsbaustein zu programmieren. Dieser Weg wurde in der Regel bis jetzt beschritten und ist auch aus zahlreichen Arbeiten bekannt /50,51/. Er hat jedoch den Nachteil, daß die Ergebnisse nur qualitativ und nicht quantitativ übertragen werden können.

Dies folgt aus der Tatsache, daß für jeden Gerätetyp je nach Hersteller unterschiedliche Konstruktionsausführungen bestehen, die wiederum verschiedene Programmierungen erforderlich machen. Als Beispiel soll die Realisierung des Bewegungselements z.B. Kolbenschieber- oder Sitzventil genannt werden. Schon unterschiedliche Ausführungen der Steuerblende als Dreieckskerbe oder Ringnut erfordern völlig unterschiedliche Modelle. Dies bedeutet auch, daß konstruktive Änderungen eines Gerätes bei diesem Weg immer Programmänderungen bedingen.

Es ist leicht einzusehen, daß dieser Weg kaum zu einer Vollständigkeit der Modellbibliothek ohne großen Zusatzaufwand beim Anwender führen kann. Enthält die Programmbibliothek zahlreiche Bausteine mit nur geringfügigen Variationen, wird ihre Handhabung auch sehr schnell unübersichtlich.

- Um eine übersichtliche und vollständige Modellbibliothek zu erhalten, muß deshalb ein neuer Weg beschritten werden. Dafür ist die Entwicklung universeller Simulationsbausteine erforderlich. Sie müssen in ihrem Programmaufbau so variabel sein, daß für die unterschiedlichen Gerätetypen durch Angabe von Steuerparametern aus einem globalen umfassenden Berechnungsmodell das gerätespezifische Modell generiert wird.

Weiterhin muß sichergestellt sein, daß das Modell alle Gleichungen und Beschreibungsformen enthält, die dem Stand der Technik entsprechen. Entscheidend für die Genauigkeit der Simulation von elektrohydraulischen Systemen ist die Angabe zahlreicher nichtlinearer Parameter.

Viele Parameter sind zunächst nur durch einen Schätzwert bekannt und werden für eine Vorabsimulation als konstant angenommmen. Hier muß im selben Maße wie das Wissen des Anwenders wächst, auch das Programm lern- und ausbaufähig sein. Das bedeutet, daß z.B. zunächst mit einer konstanten, angenommenen Durchflußzahl gerechnet wird, die später durch eine Gleichung oder eine gemessene Kennlinie ersetzt wird.

4.1.1 Funktionales und mathematisches Modell

Auf diesem universellen Ansatz basierende Beispiele, die beim Anwender keine Programmänderungen notwendig werden lassen, sind aus der Literatur nicht bekannt. Ansätze zur Lösung können sich aus der Theorie der Brückenschaltungen ergeben /11,22, 30/.

Diese funktionelle einheitliche Behandlung hat jedoch noch keinen Eingang in die Simulationstechnik gefunden, weil sie im Simulationsbaustein ein strukturvariables Modell voraussetzt. Wird dieses jedoch realisiert, wird es in der Anwendung wie gefordert möglich sein, sämtliche widerstandsgesteuerten, hydraulischen Geräte mit einem Minimum an Simulationsbausteinen darzustellen. Somit wird der Anwender mit viel weniger geringfügig unterschiedlichen Bausteinen konfrontiert.

Die wesentlichsten Anforderungen an die variablen Einstellmöglichkeiten lassen sich am einfachsten aus der Gegenüberstellung von verschiedenen konstruktiven Geräteschemata und ihres einheitlichen funktionalen Modellsystems auf der Basis von Brückenschaltungen analysieren. <u>Bild 4.1</u> zeigt Beispiele für hydraulische Bauelemente, deren Funktion auf Halbbrücken zurückführbar sind.

Im einzelnen müssen folgende Anforderungen beachtet und realisiert werden:

- Alle Brückenpositionen werden wahlweise mit den Blendentypen Sperrstellung, Konstantblende, Steuerblende-öffnend, Steuerblende-schließend besetzt. Hier müssen Steuerungsmöglichkeiten zur Generierung einer variablen Brückenfunktion und damit zum Aufbau einer variablen Programmstruktur im Simulationsbaustein geschaffen werden.

- Im Bereich der Steuerblendengeometrie wird während einer Entwicklung sehr viel getestet und optimiert. Außerdem unterscheiden sich gerade hier die Konstruktionen der einzelnen Hersteller für einen Gerätetyp. Das bedeutet, daß eine Änderung der Steuerblendengeometrie - auch im Feinsteuerbereich - nicht zu einer Programmänderung führen darf, sondern über Eingabedaten frei wählbar sein muß.

- 52 -

	DBV direktgesteuert	DMV direktgesteuert	DMV Hauptsteuerstufe vorgesteuert	3-Wege DMV direktgesteuert
Geräteschema				
Brückenschaltung				

Charakteristika	1. Sitzventil
	2. – SB: Sperrstellung
	  – SB: öffnend
	3. Kegelsitz
	4. –
	5. Vordruck
		1. Kolbenschieber
		2. – SB: Sperrstellung
		  – SB: schließend
		3. Ringspalt mit Dreieckskerbe
		4. negativ
		5. Brückendiagonale
			1. Kolbenschieber
			2. – Konstantblende
			  – SB: schließend
			3. Ringspalt mit Fase
			4. negativ
			5. Brückendiagonale
				1. Kolbenschieber
				2. – SB: öffnend
				  – SB: schließend
				3. Ringspalt
				4. negativ
				5. Brückendiagonale

Bild 4.1: Hydraulische Bauelemente auf der Basis von Halb-
brückenschaltungen
1 Stellsystem, 2 Brückenfunktion, 3 Steuerblendengeometrie, 4 Oberdeckung, 5 Stelldruckableitung,
SB Steuerblende, DMV Druckminderventil, DBV Druckbe-
grenzungsventil, A,B Verbraucheranschlüsse, P Druck-
anschluß, T Tankanschluß

- Falls zwei oder mehr Steuerblenden in einem Bauelement
enthalten sind, weisen sie in der Regel gleiche Steuerblendengeometrien auf. Unterschiede ergeben sich durch ihre
Oberdeckung und ihre logische Funktionsrichtung FK (öff-
nend bzw. schließend für $\Delta s > 0$). Aus unterschiedlicher

Oberdeckung s_{REL} und Funktionsrichtung FK folgen bei gleichem Kolbenweg s unterschiedliche Öffnungsquerschnitte. Hier erscheint es nicht sinnvoll, bei gleicher mathematischer Basis unterschiedliche Programme für schließende und öffnende Blenden zu entwickeln.

- Die Ableitung des Stelldruckes erfolgt nach keinem einheitlichen Muster. Der Abgriff von der Brückendiagonalen ist ein Sonderfall. Hier muß eine variable Verknüpfung durchführbar sein.

Ausgehend von den in Kap.3 entwickelten Verknüpfungsmöglichkeiten und den hier dargestellten Randbedingungen zu einem allgemeingültigen Einsatz wird der in Bild 4.2 dargestellte universelle Baustein "Halbbrücke" konzipiert. Für alle Anschlüsse gilt, daß sie beliebig verschaltbar sind oder an Funktionsgeber angeschlossen werden können. Erfolgt keine Verschaltung oder Funktionsbelegung für eingeprägte Größen, wird an dem Anschluß automatisch der Wert 0 eingeprägt.

Die Anschlüsse für die Brückenfunktion 1H, 2H, 5H sind von den Stelldruckanschlüssen 3H und 4H entkoppelt. Jede Blende ist in ihrer Funktion getrennt einstellbar. Die Ableitung des Stelldruckes kann dadurch über eine beliebige Verschaltung erfolgen.

Im Universalbaustein "Halbbrücke" ist ein mechanischer Anschluß enthalten. Unabhängig von der Verknüpfung ist eine interne Feder im mathematischen Modell enthalten. Als Signalgrößen können Weg, Geschwindigkeit und Beschleunigung des Kolbenschiebers übertragen werden.

Als Sonderfunktion ist eine Schnittstelle für eine variable Stelldruckfläche enthalten. Die Funktion $A_{K,6} = f(s)$ kann über eine Punktfolge P_i eingegeben werden. Sie wird eingesetzt, wenn sich über den Kolbenschieberweg s konstruktiv bedingt

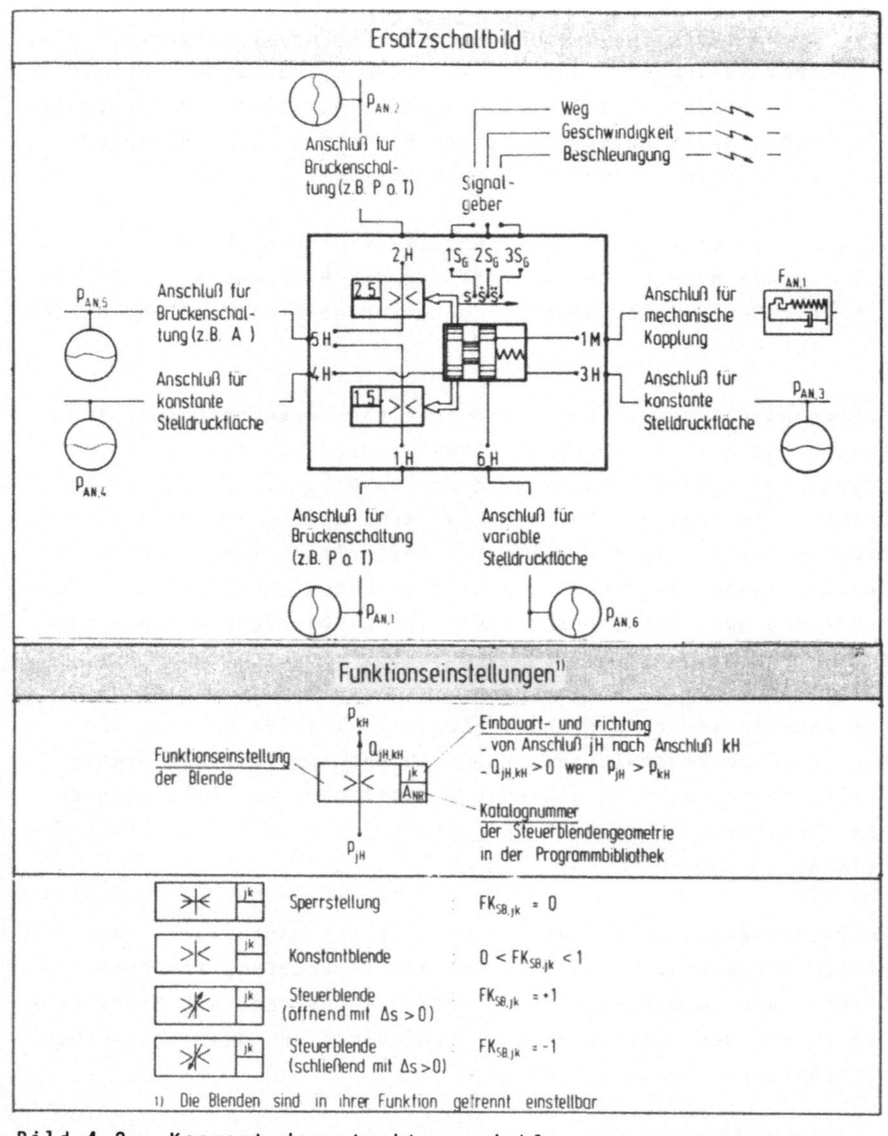

Bild 4.2: Konzept des strukturvariablen Universalbausteins "Halbbrücke"

$Q_{jH,kH}$ Volumenstrom vom Anschluß jH zum Anschluß kH, $FK_{SB,jk}$ Funktionsrichtung der Steuerblende zwischen den Anschlüssen jH und kH, $p_{AN,i}$ Anschlußdruck am i.H-Anschluß, $F_{AN,i}$ Anschlußkraft am i.H-Anschluß, S_i Signal am i.Signalanschluß

- 55 -

die Stelldruckfläche ändert. Bei Anschluß an einen Funktionsgeber (z.B. Sinus) kann allerdings auch sehr einfach ein beliebiger Störgrößeneinfluß simuliert werden. Die grundlegenden Gleichungen des mathematischen Modells zeigt __Bild 4.3.__
Die Berechnung der nichtlinearen Parameter (s.Kap.4.1.2) sind
hierin nicht enthalten.

__Zustandsdifferentialgleichungen 1.Ordnung__

$$y_1 = \frac{ds}{dt} = \dot{s} \tag{4.5}$$

$$y_2 = \frac{ds}{dt} = p_{4H}\, A_{K,4} - p_{AN,3}\, A_{K,3} + p_{AN,6}\, (^+_-)A_{K,6} - F_{RG} - F_{AX} - F_{AN,1} \\ + F_{VOR} + c_F\, s \tag{4.6}$$

__Eingangsbegrenzung__   __Ausgangsbegrenzung__

$$s,\ \dot{s},\ \ddot{s} = f(s_{MIN},\ s_{MAX}) \tag{4.1} \qquad \frac{ds}{dt},\ \frac{d\dot{s}}{dt} = f(s_{MIN},\ s_{MAX}) \tag{4.2}$$

__Durchflußgleichungen__

$$Q_{1H,5H} = \alpha_{15} A_{SB,15} \cdot sign(p_{AN,1} - p_{AN,5}) \cdot \sqrt{2|p_{AN,1} - p_{AN,5}|/\rho} \tag{4.3}$$

$$Q_{2H,5H} = \alpha_{25} A_{SB,25} \cdot sign(p_{AN,2} - p_{AN,5}) \cdot \sqrt{2|p_{AN,2} - p_{AN,5}|/\rho} \tag{4.4}$$

__Ausgangsgrößen__

__Anschlußvolumina__   __Anschlußgeschwindigkeit__

$$V_{AN,i} = V_{KONST,i};\ i = 1,2,5,6 \tag{4.7} \qquad \dot{s}_{AN,1} = \frac{ds}{dt} \tag{4.15}$$

$$V_{AN,3} = V_{KONST,3} - A_{K,3} \cdot s \tag{4.8}$$

$$V_{AN,4} = V_{KONST,4} + A_{K,4} \cdot s \tag{4.9}$$

__Anschlußvolumenströme__   __Signalgrößen__

$$Q_{AN,1} = -Q_{1H,5H} \tag{4.10} \qquad S_1 = s \tag{4.16}$$

$$Q_{AN,2} = -Q_{2H,5H} \tag{4.11} \qquad S_2 = \frac{ds}{dt} \tag{4.17}$$

$$Q_{AN,5} = Q_{1H,5H} + Q_{2H,5H} \tag{4.12} \qquad S_3 = \frac{d\dot{s}}{dt} \tag{4.18}$$

$$Q_{AN,3} = A_{K,3} \cdot \dot{s} \tag{4.13}$$

$$Q_{AN,4} = -A_{K,4} \cdot \dot{s} \tag{4.14}$$

__Bild 4.3:__ Mathematisches Modell des Universalbausteines "Halbbrücke"

F_{RG} resultierende Gesamtreibkraft, s_{MIN} untere Wegbegrenzung, s_{MAX} obere Wegbegrenzung

4.1.2 Nichtlineare Parameter in Simulationsbausteinen

Mitentscheidend für die Güte der Berechnung sind die implementierten Gleichungen und die Eingabemöglichkeiten für nichtlineare Parameter. An dieser Stelle wurden keine eigenen experimentellen Untersuchungen durchgeführt, sondern auf die in der Literatur ausführlich beschriebenen Grundlagen zurückgegriffen.

Da in der Simulationsanwendung nicht sofort alle Parameter bekannt sind bzw. nur abgeschätzt werden können, wird eine "lernfähige Eingabe" für experimentell zu ermittelnde Konstruktionsparameter mit folgenden Stufen aufgebaut:

- konstanter Durchschnittswert;
- Näherungsgleichung;
- experimentell ermittelte statische Kennlinie.

In diese Klassifizierung können alle nichtlinearen Parameter eingeordnet und programmtechnisch gleichartig behandelt werden. Bild 4.4 zeigt die derzeit in jedem Universalbaustein implemenierten, nichtlinearen Parameter und ihre Eingabemöglichkeiten.

4.1.3 Programmbibliothek - Steuerblendengeometrie

Die beliebige Zuordnung von Geometriefunktionen für die Blenden in der Brückenschaltung wird über eine Unterprogrammbibliothek ermöglicht. Bild 4.5 zeigt die Klassifizierung der unterschiedlichen Blendengeometrien und einige Beispiele. Die Auswahl der gewünschten Blendengeometrie erfolgt über die Katalognummer A_{NR}. Derzeit sind 16 verschiedene Steuerblendenfunktionen implementiert. Um kurzfristig auch beliebige Geometrien testen zu können, und damit die Verfügbarkeit der Simulationsbausteine entscheidend zu erhöhen, ist es bei Angabe von A_{NR} = 100 auch möglich, die Steuerblendengeometrie als A_{SB} = f(A_{NR},s,Stützpunkte) einzugeben.

	Erläuterungen	Näherungsgleichung	stationäre Kennlinie
Durchflußzahl	α_t : Durchflußzahl bei turbulenter Strömung Re : Reynoldszahl Re_G : Grenzreynoldszahl	Konstantblende 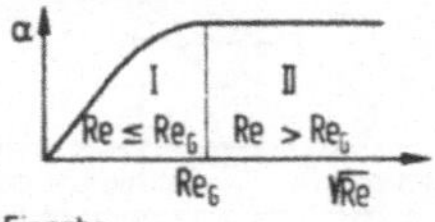 Eingabe Re_G, α_t, k = konstant Simulation Bereich I : $\alpha = k\sqrt{Re}$ Bereich II : $\alpha = \alpha_t$ = konstant	Steuerblende 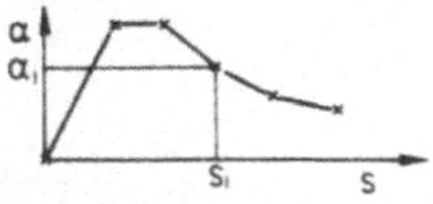 Eingabe: Stützpunkt P_i $P_i(Q_i, s_i), \Delta p$ = konstant oder $P_i(\alpha_i, s_i)$ Simulation $\alpha = f(s)$
Reibung	F_{RG} : Gesamttreibkraft F_C : Gleitreibung F_H : Haftreibung d : viskoser Dämpfungsbeiwert a : Steigung	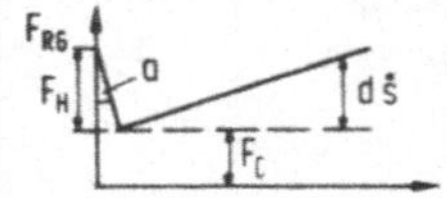 Eingabe F_C, F_H, a, d Simulation $F_{RG} = (F_H - a|\dot{s}|) + F_C + d\dot{s}$	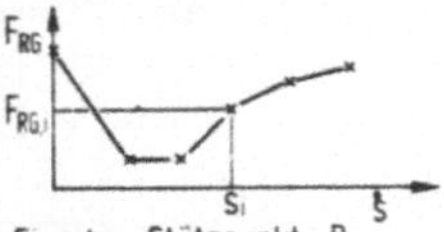 Eingabe: Stützpunkt P_i $P_i(F_{RG,i}, s_i)$ Simulation $F_{RG} = f(\dot{s})$
Federkraft	F_F : Gesamtfederkraft c_F : Federsteifigkeit F_{VOR} : Federvorspannkraft	Eingabe c_F, F_{VOR} = konstant Simulation $F_F = (\pm) F_{VOR} + c_F s$	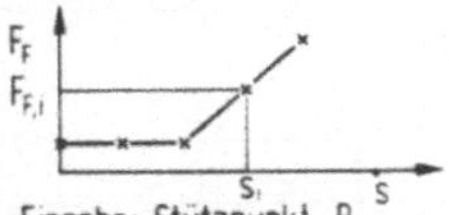 Eingabe: Stützpunkt P_i $P_i(s_i, p_i), A_K$ = konstant oder $P_i(F_i, s_i)$ Simulation $F_F = f(s)$
axiale Strömungskraft	F_{AX} : axiale Strömungskraft Q : Volumenstrom Δp : Druckunterschied φ : Strömungswinkel ϱ : Öldichte	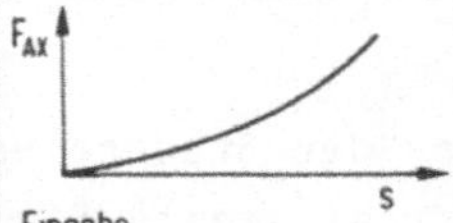 Eingabe φ = konstant Simulation $F_{AX} = Q\sqrt{2\varrho\Delta p}\cos\varphi$	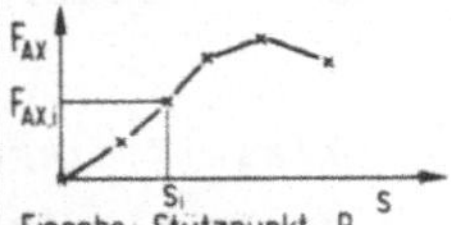 Eingabe: Stützpunkt P_i $P_i(F_{AX,i}, s_i)$ Simulation $F_{AX} = f(s)$
variable Stelldruckfläche	A_{KG} : variable Stelldruckfläche	%	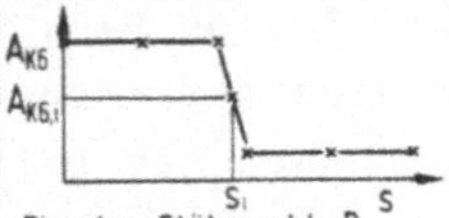 Eingabe: Stützpunkt P_i $P_i(A_{KG,i}, s_i)$ Simulation $A_{KG} = f(s)$

Bild 4.4: Nichtlineare Parameter in Simulationsbausteinen

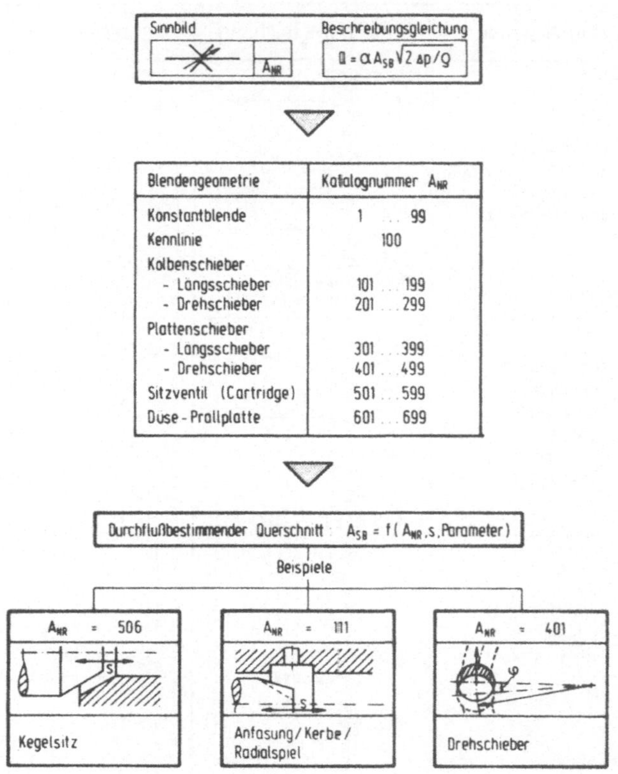

Bild 4.5: Klassifizierung der Steuerblendengeometrien und Beispiele für realisierte Formen

Es erscheint sinnvoll, einen Algorithmus zu entwickeln, der über ein einziges Programm die Berechnung sowohl der schließenden als auch der öffnenden Blende zuläßt. So kann der Programmieraufwand herabgesetzt und die Übersichtlichkeit für den Anwender gesteigert werden (Bild 4.6).

Dies kann durch die Angabe von zwei Parametern, Funktionsrichtung $FK_{SB,jk}$ und Überdeckung $S_{REL,jk}$, erzielt werden. Die Definition für $FK_{SB,jk}$ ist bereits erläutert (Bild 4.2) worden.

Der Wert der Überdeckung $s_{REL,jk}$ muß für die "Ruhestellung" des Ventils angegeben werden. Die "Ruhestellung" ist nach /46/ ohne Einfluß äußerer Kräfte definiert. Im Gegensatz dazu ist die "Anfangsstellung" der Zustand des Systems zu Beginn eines Bewegungsvorgangs.

Die unterschiedlichen absoluten Öffnungslängen $s_{ö,jk}$ der einzelnen Blenden werden für jeden Kolbenschieberweg s nach Gleichung 4.19 bestimmt.

$$s_{ö,jk} = FK_{SB,jk} \cdot s - s_{REL,jk} \qquad (4.19)$$

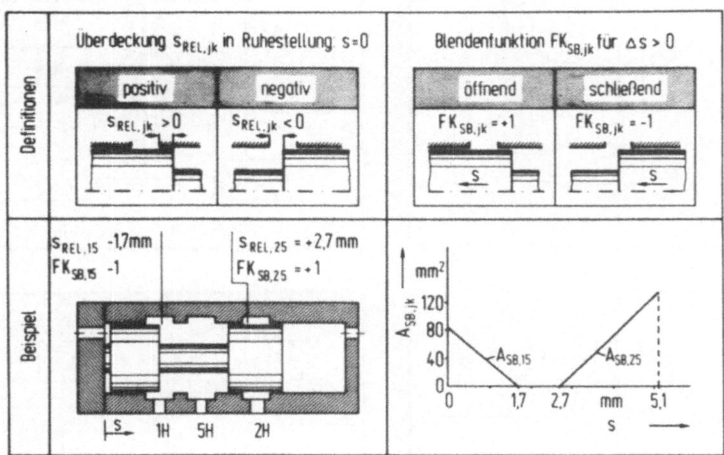

Bild 4.6: Variable Berechnung des durchflußbestimmenden Querschnittes an Steuerblenden

4.1.4 Verallgemeinerung des Konzeptes der Brückenschaltung

Theoretisch ist es möglich, alle hydraulischen Geräte auf der Basis von Brückenschaltungen durch den Universalbaustein "Halbbrücke" nachzubilden. Oftmals ist es jedoch einfacher,

das Bauelement gleich durch eine Vollbrücke zu beschreiben
(z.B. 4/3 Wege-Ventil). Hierdurch wird das Simulationsschaltbild übersichtlicher.

Aus diesem Grund wird ein Universalbaustein "Vollbrücke" aufgebaut, der lediglich in seiner Funktion gegenüber der Halbbrücke erweitert ist (Bild 4.7). Die grundlegenden Gleichungen
sind jedoch identisch. Dies trifft auch auf die Plazierung
der Konstruktionsdaten für die Eingabe zu. Das bedeutet,
daß der Anwender keine zusätzlichen Eingabeformate lernen muß.

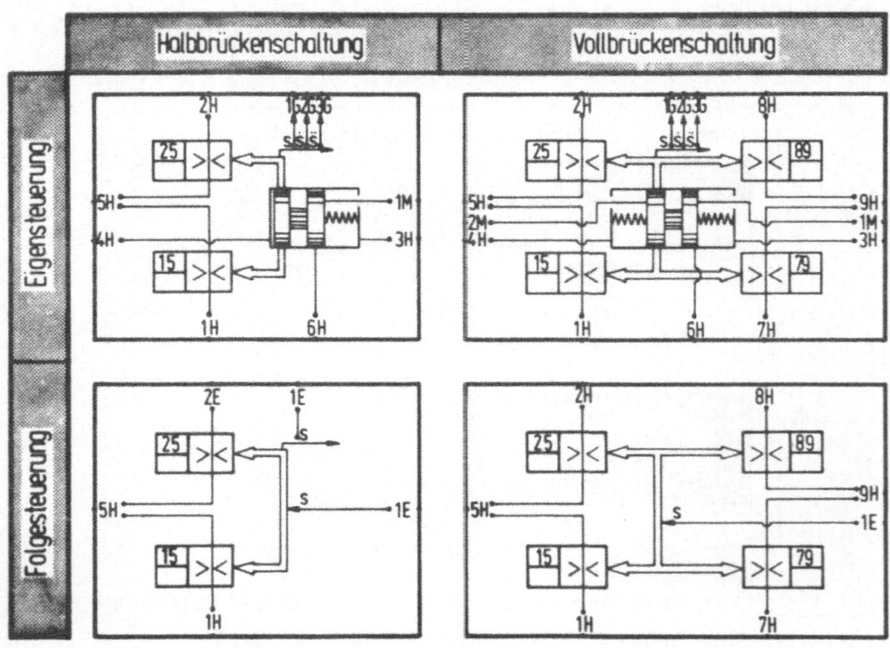

<u>Bild 4.7:</u> Universelle Brückenschaltungen

Die bisher betrachteten Brückenschaltungen werden als Eigensteuerung bezeichnet, da die Blendenverstellung über ein gerä-
teinternes, schwingungsfähiges System durchgeführt wird. Einige Bauelemente sind jedoch dadurch gekennzeichnet, daß sie

zwar im Brückenaufbau mit den bisher betrachteten identisch sind, aber durch eine Folgesteuerung zwangsverstellt werden. Ein Beispiel dafür sind Nachformeinrichtungen. Die Erzeugung des Verstellweges erfolgt extern. Eine Rückwirkung z.B. durch axiale Strömungskräfte auf die Stellbewegung ist nicht gegeben. Das System ist nicht schwingungsfähig.

Die Folgesteuerung kann programmtechnisch als eine Untermenge der Eigensteuerung realisiert werden. Dies gilt sowohl für die Halb- als auch für die Vollbrücke. In der Verknüpfung entfallen die hydraulischen Anschlüsse für die Stelldruckflächen und der Anschluß für die mechanische Kopplung, da eine Bewegungsgleichung in der Folgesteuerung nicht vorhanden ist. Neu installiert wird ein Signalempfänger für die Stellweginformation des zwangsgesteuerten Kolbens.

Die folgegesteuerten Brückenschaltungen können auch zur Modellbildung von schaltenden Wegeventilen eingesetzt werden, bei denen die hydraulischen Störkräfte klein im Vergleich zur Magnetkraft sind. Der Schaltmagnet kann hierbei in 1.Näherung durch einen Funktionsgeber beschrieben werden, der mit dem Signaleingang S_E des Bausteins gekoppelt wird. Der Stellweg s folgt dem eingeprägten Signal $s = S_E = f(t)$ verzögerungsfrei.

4.1.5 Beispiele zur Modellbildung mit universellen Simulationsbausteinen auf der Basis von Brückenschaltungen

Bei der Modellableitung kann zwischen Standard- und Sonderbauelementen unterschieden werden. Standardbauelemente können entsprechend ihrer Funktion in den unterschiedlichen Schaltungen eingesetzt werden und werden in der Regel katalogmäßig angeboten. Sonderbausteine sind aufgabenspezifische Konstruktionen und beinhalten Sonderfunktionen, die keinen allgemeingültigen Einsatz erlauben.

Werden Geräte aus mehreren Simulationsbausteinen aufgebaut,
muß eine Simulationsschaltung erstellt werden. In dieser
Schaltung werden aus Gründen der Vereinfachung die Kopplungs-
bausteine für die Hydraulik und für die Mechanik in verein-
fachter Form als Knoten dargestellt und im weiteren Verlauf
der Arbeit auch so bezeichnet. Da in einer Simulationsschaltung jeweils mehr als ein mechanischer und hydraulischer Knoten auftritt, werden diese fortlaufend numeriert ($p_{K,i}$ und
$F_{K,i}$). Die Signalübertragungen S_i werden ebenfalls durchnumeriert.

<u>Bild 4.8</u> zeigt als Beispiel für ein Standardbauelement ein
4-Wege-Proportionalventil mit der entsprechenden Simulationsschaltung.

Die Hauptsteuerstufe dieses Ventils wird durch eine Vollbrücke
dargestellt. Die Vorstufen werden über zwei getrennte Halbbrük-
ken realisiert, da sie jeweils für sich getrennt schwingungs-
fähige Systeme darstellen. Für die Proportionalmagnete werden
zwei spezifische Simulationsbausteine eingesetzt. Die interne
Verschaltung erfolgt über zwei mechanische und zwei hydraulische Kopplungen. Hier kann auch im besonderen die Rückwirkung
der Strömungskräfte am Vorsteuerventil auf die Stellkrafterzeu-
gung sehr leicht realisiert werden.

Die Systemgrenze wird durch vier hydraulische Schnittstellen
(A,B,P,T) beschrieben. Die Signaleingänge S_1,S_2 am Proportio-
nalmagneten werden aus der vorgeschalteten Regel- und Steuer-
elektronik übernommen. Eine Erweiterung der Konstruktion um
einen Weggeber für die Lage des Hauptsteuerkolbens ist für
die Simulation problemlos, da der Simulationsbaustein Signalgeber für Weg, Geschwindigkeit und Beschleunigung fest implementiert hat.

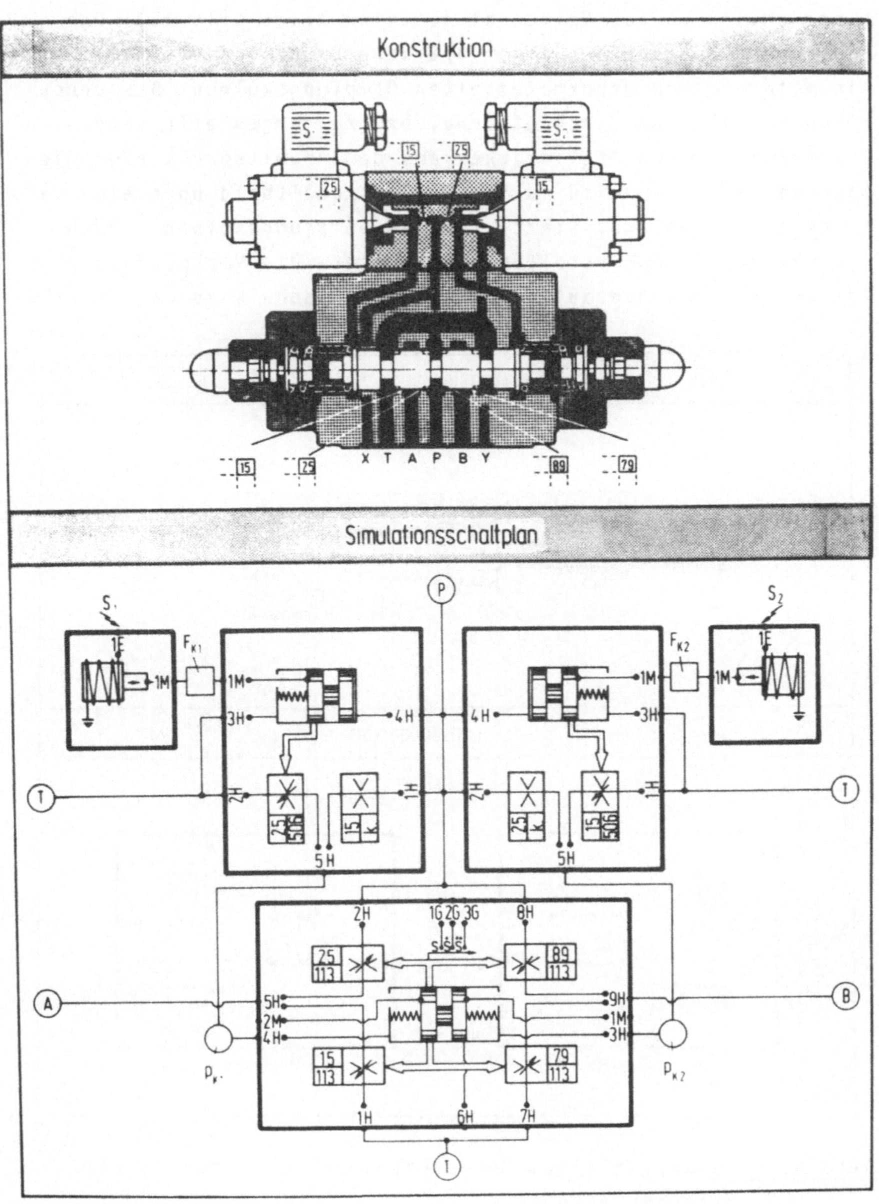

Bild 4.8: 4-Wege-Proportionalventil (Werkbild Heller-Hy-draulikring) und Simulationsschaltplan

Die Umsetzung eines speziellen Bauelementes in die Simulationsschaltung über Universalbausteine zeigt <u>Bild 4.9.</u> Das Bauelement besteht aus einem 3/2-Wege Druckminderventil mit einem feder- und druckgefesselten Dämpfungskolben. Das Druckminderventil kann durch eine Halbbrücke dargestellt werden. Die Ableitung des Stelldruckes aus dem Arbeitsdruck über die Bohrung im Kolben wird im Simulationsschaltbild über eine externe Schaltung realisiert. Für den Dämpfungskolben werden die Blenden in Sperrstellung betrachtet. Die Verknüpfung erfolgt über eine hydraulische und mechanische Kopplung.

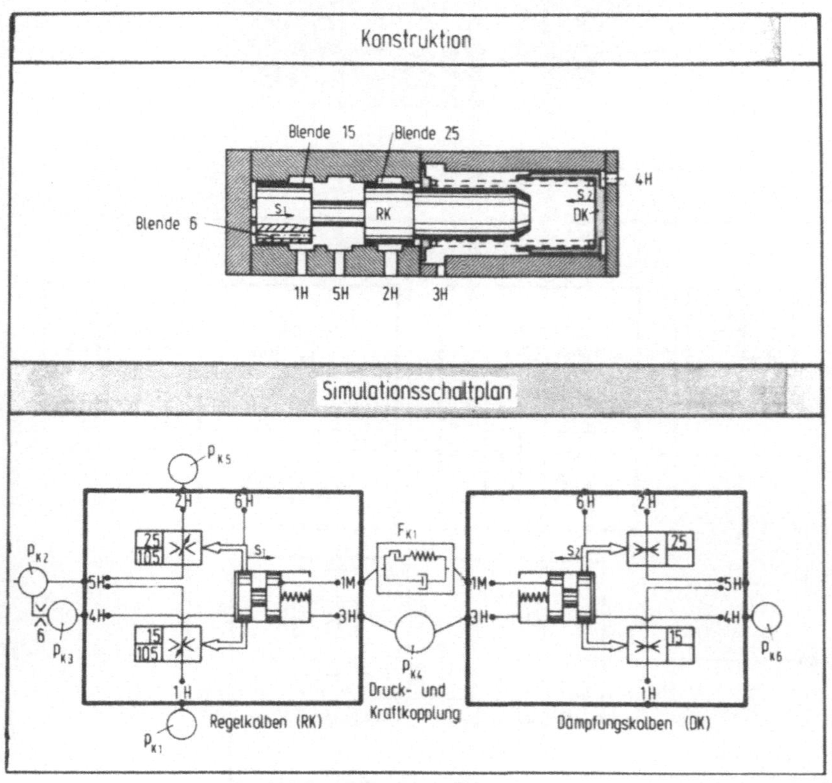

<u>Bild 4.9:</u> Umsetzen eines Sonderbauelements in den Simulationsschaltplan

Eine weitere, sehr interessante Möglichkeit zur Ausschöpfung
der Funktionen der unterschiedlichen Universalbausteine
stellt das folgende Beispiel dar. Es zeigt den Stellkolben
für eine Kupplung in einem automatischen Getriebe. Die Feder-
charakteristik bestimmt entscheidend das Schaltverhalten bei
einem Gangwechsel. Die Federkennlinie setzt sich allerdings
aus der Steifigkeit einer konstruktiv realisierten Feder mit
linearer oder auch progressiver Kennlinie und aus den Nachgiebigkeiten der nachgeschalteten Bauteile wie Kupplungslamel-
len etc. zusammen.

Hier bietet es sich an, die Gesamtsteifigkeit der Kupplung
auszumessen, in eine Kraftkennlinie umzurechnen und während der
Simulation die bei einem erreichten Weg vorhandene Federkraft
linear aus der eingegebenen Kennlinie zu interpolieren. Dies
ist mit dem vorhandenen Universalbaustein "Halbbrücke" ohne
Programmerweiterung möglich.

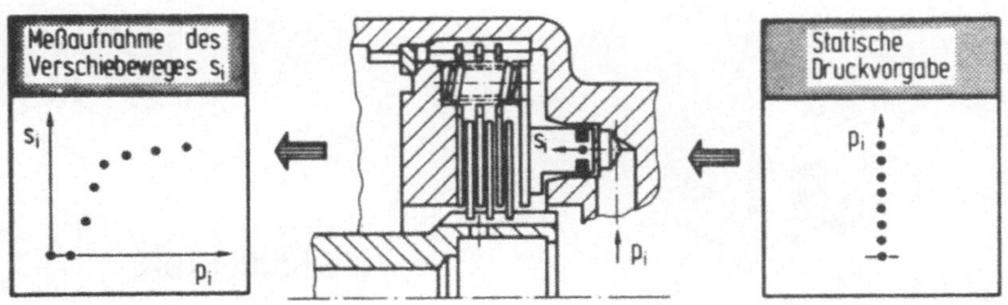

<u>Bild 4.10</u>: Umsetzung nichtlinearer Parameter in die Simula-
tion

4.2 Einbeziehung gerätespezifischer Bausteine in die Simulation

Als Beispiel für die Modellbildung modular aufgebauter Geräte, die nicht nur durch die entwickelten Universalbrücken simulierbar sind, wird das in Bild 4.11 dargestellte Servoventil untersucht. Es läßt sich in drei wesentliche Baugruppen (Funktionsblöcke) unterteilen:

Vorsteuerstufe   : elektrohydraulischer Wandler nach dem
                       Strahlrohrprinzip mit Differenzdruckausgang
                       -    gerätespezifischer Simulationsbaustein

Hauptsteuerstufe : 4-Wege-Mengenventil mit Flachdrehschieber,
                       Kugelstellmotor und Lagemessung durch Feld-
                       plattenbrücke
                       -    Universalbaustein Vollbrücke in Eigen-
                            steuerung

Lageregler   : elektronischer Differenzverstärker
                       -    gerätespezifischer Simulationsbaustein

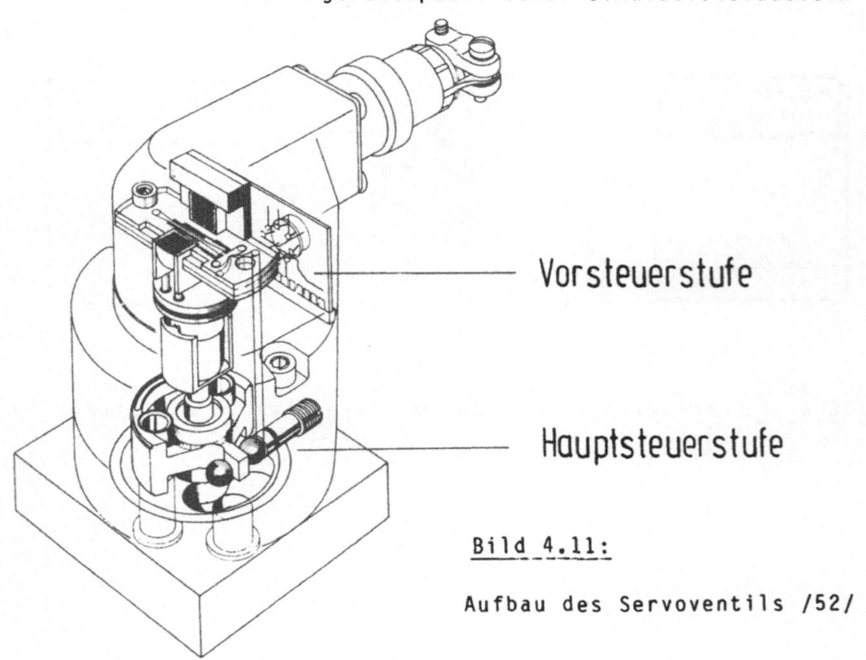

Bild 4.11:

Aufbau des Servoventils /52/

Als Beispiel eines gerätespezifischen Bausteins und aufgrund ihrer interessanten technischen Ausführung sowie der mathematisch nicht einfach zu beschreibenden hydraulischen Funktion soll die Vorsteuerstufe nachfolgend ausführlich behandelt werden. Da außerdem Messungen für das Übertragungsverhalten dieser Stufe vorliegen, kann zum Vergleich mit den Messungen eine vom Gesamtventil getrennte Simulation durchgeführt werden.

4.2.1 Aufbau des elektrohydraulischen Wandlers

Im elektrohydraulischen Wandler wird der Ausgangsstrom eines elektronischen Verstärkers in ein proportionales, hydraulisches Signal auf höherem Leistungsniveau umgesetzt.

Der Wandler arbeitet nach dem Strahlrohrprinzip. Aus einer Düse, der die Druckflüssigkeit durch ein biegesteifes Rohr zuströmt, tritt ein Strahl mit hoher Geschwindigkeit aus. Dieser Düse gegenüber sind zwei Auffangdüsen angeordnet, auf die der Strahl auftrifft und in denen er statische Drücke aufbaut. Wird das Strahlrohr ausgelenkt, so werden die Auffangdüsen unterschiedlich beaufschlagt und es entsteht zwischen ihnen ein der Auslenkung proportionaler Differenzdruck (Bild 4.12).

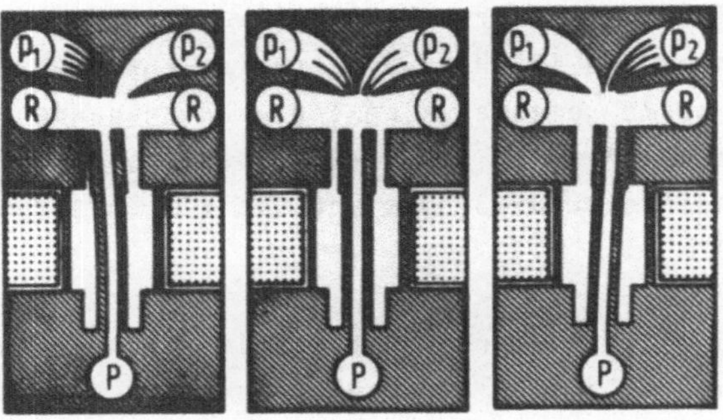

Bild 4.12: Arbeitsweise des Wandlers (schematisch)
p_1, p_2 Auffangdrücke, P Druckversorgung, R Rücklauf

Das Strahlrohr ist gleichzeitig Anker eines elektromagneti-
schenen Stellsystems. Ein durch die Spule des Stellsystems
fließender Strom erzeugt am Strahlrohr ein Moment und damit
eine Auslenkung. Durch entsprechende Formgebung von Joch und
Anker wird erreicht, daß das Moment und damit die Auslenkung
dem Spulenstrom weitgehend proportional ist.

4.2.2 Modellbildung für den elektrohydraulischen Wandler

Die Modellbildung für den elektrohydraulischen Wandler stößt
auf einige Schwierigkeiten. So sind insbesondere die hydrodynamischen und elektromagnetischen Vorgänge nur schwer zu beschreiben. Die Gewinnung der Modellgleichungen läßt sich daher
nur durch gemischte Anwendung analytischer und empirischer
Verfahren erreichen.

Die Dynamik des Wandlers wird bestimmt durch die Bewegung des
Strahlrohrs, durch die Zeit, die der Flüssigkeitsstrahl vom
Austritt aus dem Strahlrohr bis zum Eintritt in die Empfangsöffnungen benötigt und durch die Zeitkonstante für den Druckaufbau in der Empfangsöffnung infolge der Kompressibilität
des Öls.

Eine überschlägige Berechnung kann zeigen, ob eine oder mehrere der Einflußgrößen vernachlässigt werden können. Bei einem
Druckunterschied von 100 N/m^2 am Strahlrohr wurde ein Durchfluß
Q von ca. 12 cm^3/s gemessen. Bei einem Düsenquerschnitt von
0,9 mm^2 und einem Abstand von ca.1 mm berechnet sich die Aus-
strömgeschwindigkeit zu 130 m/s und die Zeit bis zum Auftref-
fen zu 7,7 10^{-6} s.

Die Geschwindigkeit des Druckanstiegs im Volumen hinter der
Empfangsöffnung läßt sich durch Gleichung 2.7 bestimmen.
Nimmt man an, daß vom Volumenstrom, der das Strahlrohr ver-
läßt, an einer Empfangsöffnung noch etwa 25% ankommen, also
etwa 3 cm^3/s, so ist die Druckanstiegsgeschwindigkeit

$$\dot{p} \sim 17 \cdot 10^6 \text{ N/m}^2\text{/s} \quad \text{mit } V = 5 \text{ mm}^3 \text{ und } \beta = 0,36 \cdot 10^{-9}\text{m}^2\text{/N}$$

Da die Eigenfrequenz des Strahlrohres bei ca.1 kHz liegt,
zeigen diese Rechnungen, daß die Laufzeit des Flüssigkeits-
strahls und die Dynamik des Druckaufbaus im folgenden vernachlässigt werden können.

Der elektrische Eingang des elektrohydraulischen Wandlers
wird als Empfänger für einen eingeprägten Strom behandelt.
Die Induktivität der Wandlerspule wird im Modell für den elektrischen Verstärker als Lastinduktivität berücksichtigt.

4.2.2.1 <u>Bewegungsgleichungen des Strahlrohrs</u>

Die Bewegungsgleichungen des Strahlrohrs werden mit Hilfe des
Impuls- und Drallsatzes ermittelt. Dazu wird das Strahlrohr
in zwei ideelle Elemente zerlegt <u>(Bild 4.13)</u>.

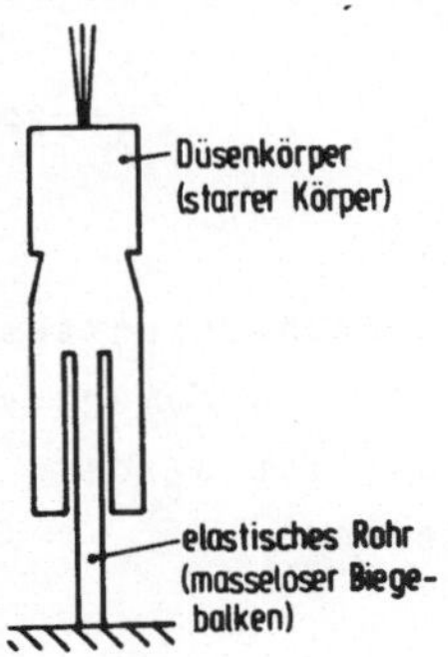

Bild 4.13:
Funktionales Modell
des Strahlrohres

An den Elementen masselose Feder und starrer Körper werden die
Schnittkräfte und die äußeren Kräfte angetragen <u>(Bild 4.14)</u>.
Die nachfolgenden Gleichungen gelten alle für kleine Auslen-
kungen. Für die Verformung der Feder gilt:

$$M_b(x) = EJ \frac{d^2\eta}{dx^2} = M_F + F_F(l_F - x) \tag{4.20}$$

mit: M_b Biegemoment, E Elastizitätsmodul

    J Flächenträgheitsmoment, M_F Moment am Federende

    F_F Kraft am Federende, l_F Länge der Feder

    η Auslenkung, x Länge

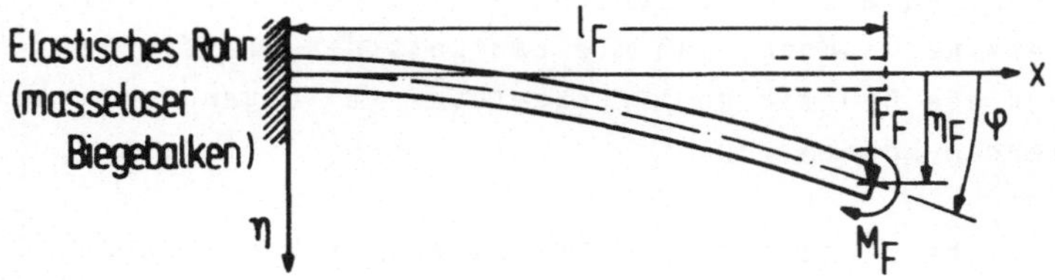

Bild 4.14: Kräfte an der Feder

Zweimaliges Integrieren der Gleichung 4.20 unter Beachtung der Randbedingungen $\dot{\eta}(x=0) = 0$ und $\eta(x=0) = 0$ ergibt für den Winkel φ (Gl.4.21) und für die Auslenkung η_F am Federende (Gl.4.22)

$$\varphi \sim \tan\varphi = y'(1_F) = \frac{1_F(M_F + \frac{1}{2}F_F 1_F)}{EJ} \tag{4.21}$$

$$\eta_F = (1_F) = \frac{1}{2}\frac{1_F^2(M_F + \frac{2}{3}F_F 1_F)}{EJ} \tag{4.22}$$

Mit der Auslenkung η_S (Gl.4.23) des Düsenkörperschwerpunktes S können die Kraft am Federende F_F (Gl.4.24) und das Moment am Federende M_F (Gl.4.25) berechnet werden. Dabei ist a_S der Schwerpunktabstand des Düsenkörpers vom Federende.

$$\eta_S = \eta_F + a_S \varphi \tag{4.23}$$

$$F_F = \frac{6\,EJ}{1_F^3}(2\eta_S - (2a_S + 1_F)\varphi) \tag{4.24}$$

$$M_F = \frac{EJ}{1_F^2}((\tfrac{2}{3}1_F + a_S)\varphi - \eta_S) \tag{4.25}$$

Am Düsenkörper greifen nicht nur die Kraft am Federende F_F und das Moment am Federende M_F an, sondern auch die Kraft F_M aufgrund der elektromagnetischen Wirkung sowie eine Dämpfungskraft F_D und ein Dämpfungsmoment M_D (Bild 4.15).

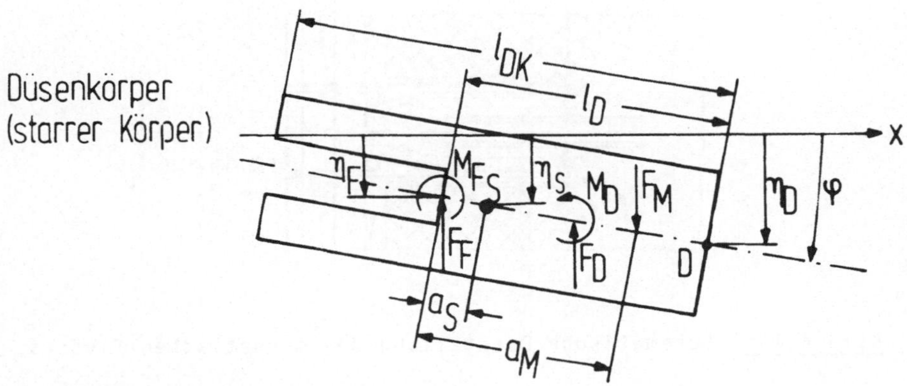

Bild 4.15: Kräfte am Düsenkörper

Der Impulssatz bezüglich des Schwerpunktes S kann nach Gleichung 4.26a und der Drallsatz nach Gleichung 4.26b angegeben
werden.

$$m\,\ddot{\eta}_S = F_M - F_F - F_D \tag{4.26a}$$

$$\Theta\,\ddot{\varphi} = F_M(a_M - a_S) + F_F a_S - M_D - M_F \tag{4.26b}$$

mit: m Masse des Düsenkörpers, Θ Trägheitsmoment des
Düsenkörpers bezüglich S

Das Erzeugen der elektromagnetischen Kraft wird schematisch
in **Bild 4.16** dargestellt. Ein magnetischer Fluß Φ_p wird durch
einen Permanentmagneten erzeugt und fließt in der Auslenkungs-
ebene durch den Wandler. Der durch die Spule erzeugte magne-
tische Fluß Φ_i vermindert auf der linken Seite den Fluß Φ_p,
während er ihn auf der rechten Seite verstärkt. Die magneti-
sche Kraft wird daher rechts größer als links, und das Strahlrohr bewegt sich nach rechts. Durch Umkehren der Stromrich-
tung erfolgt eine Auslenkung nach links.

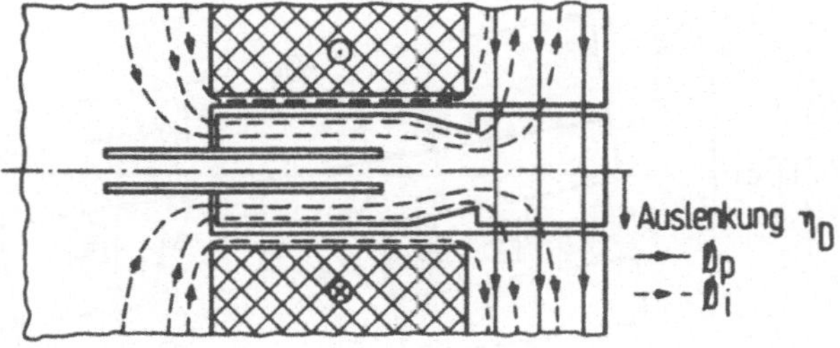

Bild 4.16: Schematische Darstellung des magnetischen Flusses

Aufgrund der komplizierten Konturen des als Anker ausgebildeten Strahlrohres ist die analytische Bestimmung der elektromagnetischen Kraft auf das Strahlrohr hier nicht möglich. Für
die Magnetkraft F_M wird darum folgender linearer Ansatz gemacht:

$$F_M = C_M I \tag{4.27}$$

Die Wirkungslinie dieser Kraft wird in der Mitte des als Anker ausgebildeten Strahlrohrkopfes angenommen, mit dem Abstand a_M vom Federende (Bild 4.15). Dieser Ansatz kann natür-
lich nur eine grobe Näherung der tatsächlich auftretenden
Kräfte sein. Insbesondere bleiben auch Sättigungseffekte unberücksichtigt. Die Konstante C_M wird aus der statischen Gleichung 4.38 für das Strahlrohr ermittelt.

Für die Dämpfungskraft und das Dämpfungsmoment an dem in der
Druckflüssigkeit bewegten Strahlrohr wird ein geschwindig-
keitsabhängiges Dämpfungsgesetz angenommen. Bewegt sich der
Düsenkörper mit der Schwerpunktsgeschwindigkeit η_S und der
Winkelgeschwindigkeit $\dot{\varphi}$, ergibt sich in der Mittelachse des
Düsenkörpers eine Geschwindigkeitsverteilung über der einge-
tragenen Koordinate ζ (Bild 4.17) zu

$$v(\zeta) = \eta + \zeta\,\dot{\varphi} \tag{4.28}$$

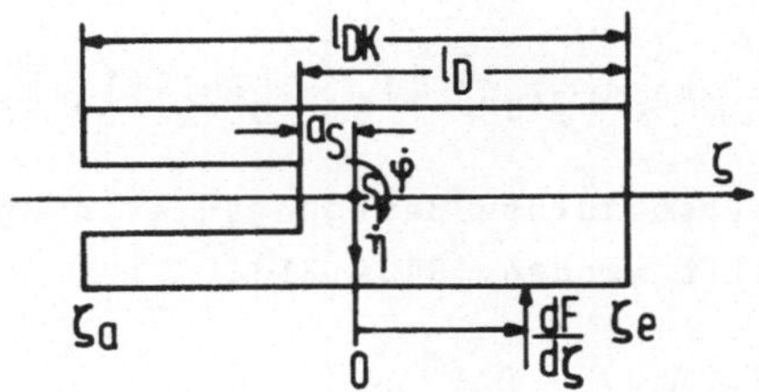

Bild 4.17: Größen zur Ableitung der Dämpfungskraft und des Dämpfungsmoments

Mit dem Dämpfungsfaktor μ_D wird das Kraftelement an der Stelle ζ nach Gleichung 4.29 berechnet.

$$\frac{d_F}{d\zeta} = \frac{\mu_D}{1_{DK}} \, v(\zeta) \tag{4.29}$$

Mit der Gleichung 4.28 wird aus der Gleichung 4.29

$$F_D = \frac{\mu_D}{1_{DK}} \int_{\zeta_a}^{\zeta_e} (\dot{\eta} + \zeta \dot{\varphi}) \, d\zeta \tag{4.30}$$

Durch die Integration in den Grenzen

$$\zeta_a = -(1_{DK} - 1_D + a_S) \tag{4.31a}$$

$$\zeta_e = 1_D - a_S \tag{4.31b}$$

erhält man die Dämpfungskraft F_D.

$$F_D = \mu_D (\dot{\eta}_S + (1_D - a_S - \tfrac{1}{2} 1_{DK}) \dot{\varphi}) \tag{4.32}$$

Das Dämpfungsmoment bezüglich des Schwerpunktes S läßt sich aus der Beziehung

$$dM = dF \cdot \zeta \tag{4.33}$$

bestimmen. Mit den Gleichungen 4.30 und 4.29 und durch Integration in den Grenzen (4.32) erhält man das Dämpfungsmoment M_D

$$M_D = \mu_D\left(\left(1_D - a_S - \tfrac{1}{2}1_{DK}\right)\dot{\eta}_S + \left(\tfrac{1}{3}1_{DK}^2 - \left(1_{DK} - 1_D + a_S\right)\left(1_D - a_S\right)\right)\dot{\varphi}\right) \quad (4.34)$$

Damit können die vollständigen Bewegungsgleichungen für das Strahlrohr aufgestellt werden (Gl.4.35).

$$\ddot{\eta}_S = \frac{1}{m}\left(F_M(i) - F_F(\eta_S,\varphi) - F_D(\dot{\eta}_S,\dot{\varphi})\right) \quad (4.35a)$$

$$\ddot{\varphi} = \frac{1}{\Theta}\left((a_M - a_S)F_M(i) + a_S F_F(\eta_S,\varphi) - M_F(\eta_S,\varphi) - M_D(\dot{\eta}_S,\dot{\varphi})\right) \quad (4.35b)$$

Durch Nullsetzen aller Ableitungen werden die statischen Gleichungen ermittelt.

$$F_M(i) - F_F(\eta,\varphi) \hspace{4cm} = 0 \quad (4.36a)$$

$$(a_M - a_S)F_M(i) + a_S F_F(\eta_S,\varphi) - M_F(\eta_S,\varphi) = 0 \quad (4.36b)$$

Mit der Gleichung 4.37 läßt sich aus 4.36 eine Gleichung für den statischen Zusammenhang zwischen der Düsenauslenkung η_D (Bild 4.15) und dem Spulenstrom I herleiten (Gl.4.38). Hieraus kann die Konstante C_M experimentell durch Messen von $\eta_D = f(I)$ ermittelt werden.

$$\eta_D = \eta_S + \sin\varphi(1_D - a_S) \quad (4.37)$$

$$\eta_D = \frac{1_F C_M i}{2 \, EJ} = \left(1_F\left(\tfrac{2}{3}1_F + 1_D + a_M\right) + 21_D a_M\right) \quad (4.38)$$

Die Düsenauslenkung ist aufgrund der geometrischen Verhältnisse beschränkt. Ist die maximale Düsenkörperauslenkung $\eta_{D,MAX}$ so gilt

$$|\eta_D| \leq \eta_{D,MAX} \quad (4.39)$$

4.2.2.2 Differenzdruckaufbau am Wandlerausgang

Auch die hydrodynamischen Vorgänge lassen sich, ebenso wie
die magnetischen Vorgänge, nur schwer mathematisch erfassen.
In den folgenden Ausführungen wird der eigentlich dreidimen-
sionale Strahl vereinfacht als zweidimensionales Problem in
der Ebene der Strahlrohrauslenkung betrachtet.

Um zu einem mathematischen Ansatz zu gelangen, wurde Literatur über Fluidik-Elemente und hier insbesondere über Frei-
strahl-Elemente /53,54,55,56,57,58/ verwendet. Danach ändert
sich das Druckprofil eines Flüssigkeitsstrahles innerhalb seines Mediums nach dem Austritt aus der Düse in zwei Phasen.
Tritt der Strahl mit einem rechteckigen Profil aus der Düse
aus (Bild 4.18), so ändert sich die Form des Profils innerhalb
einer Vermischungszone und nimmt nach einer Länge von ca.5
Düsendurchmessern die Form einer Gauß˘schen Glockenkurve an.
Diese Form bleibt im weiteren Verlauf, jedoch mit kleiner wer-
dendem Maximalwert, erhalten.

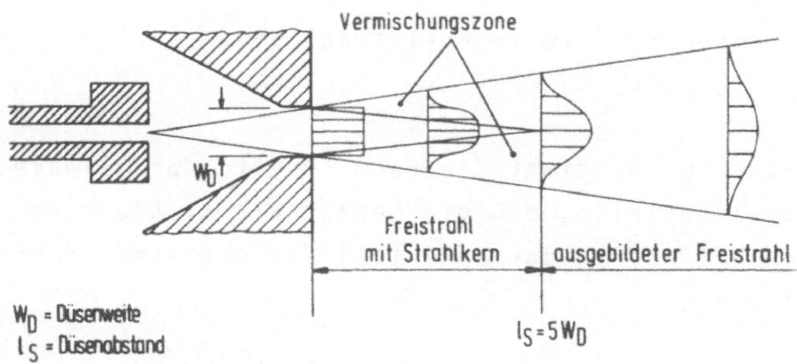

Bild 4.18: Schematische Darstellung der Veränderung des
Druckprofils im Freistrahl /53/

Unter dem Druck ist dabei der Gesamtdruck zu verstehen, also
der statische Druck plus dem dynamischen Druck aufgrund der Geschwindigkeit der Flüssigkeit. Bild 4.19 zeigt die in /53/ an-
gegebenen experimentell ermittelten Druckprofile in verschiedenen Abständen hinter dem Düsenaustritt. Der Parameter l_S/W_D
gibt die Entfernung im Verhältnis zur Düsenweite an. Dies läßt
erkennen, daß sich im vorliegenden Fall mit $l_S/W_D = 5$ das Druckprofil gut durch eine Gaußkurve nach Gleichung 4.40 annähern
läßt.

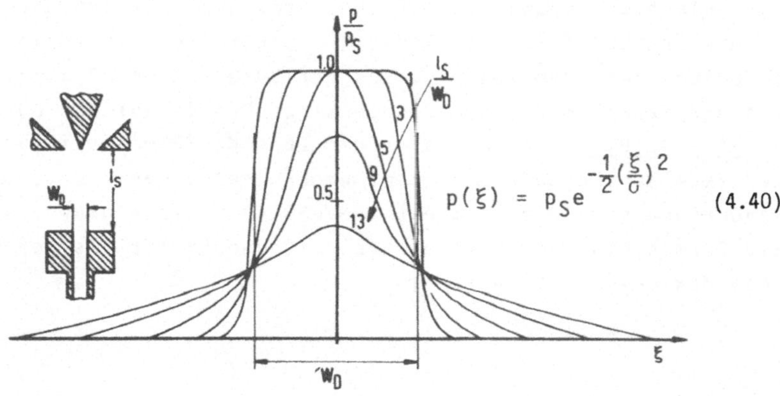

$$p(\xi) = p_S e^{-\frac{1}{2}\left(\frac{\xi}{\sigma}\right)^2} \tag{4.40}$$

Bild 4.19: Druckprofile im Freistrahl /53/

Der Formfaktor σ bestimmt die Form (Breite) der Glockenkurve.
Er wird so eingestellt, daß die berechnete statistische Kennlinie für den Differenzdruck $\Delta p = f(I)$ die gemessene Kennlinie
gut approximiert.

Durch Integration des Druckprofils an den Empfangsöffnungen
läßt sich in jedem Empfangsquerschnitt ein mittlerer Gesamtdruck errechnen. Dazu werden in Bild 4.20 noch die Breite der
Empfangsöffnungen b_E, der Versorgungsdruck p_S, der Rücklaufdruck p_R sowie die Auffangdrucke p_{1GES} und p_{2GES} eingeführt.

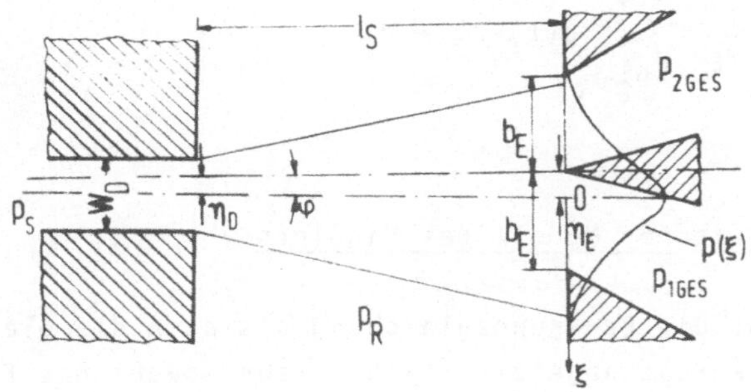

<u>Bild 4.20:</u> Größen zur Berechnung des Drucks an den Empfangs-
öffnungen

Die Empfangsöffnungen werden idealisiert dargestellt.
Die Auslenkung des Strahls η_E an den Empfangsöffnungen wird
nach Gleichung 4.41 bestimmt. Mit Gleichung 4.37 wird daraus
Gleichung 4.42.

$$\eta_E = \eta_D + l_S\,\varphi \tag{4.41}$$

$$\eta_E = \eta_S + (l_D + l_S - a_S)\varphi \tag{4.42}$$

Der mittlere Druck an der 1.Empfangsöffnung mit der Breite b_E
kann nach Gleichung 4.43 bestimmt werden. Darin ist p_R der
statische Druck im Raum vor den Empfangsöffnungen (Rücklauf-
raum). Für die 2.Empfangsöffnung, ebenfalls mit der Breite b_E,
gilt Gleichung 4.44. Diese Integrale mit $p(\xi)$ aus Gleichung
4.40 lassen sich nicht analytisch bestimmen. Sie werden vor der
Durchführung der digitalen Simulation numerisch ermittelt.

$$p_{1ges} = \frac{1}{b_E} \int_{-\eta_E}^{b_E - \eta_E} p(\xi)\,d\xi + p_R \tag{4.43}$$

$$P_{2ges} = \frac{1}{b_E} \int_{-b_E-\eta_E}^{-\eta_E} p(\xi)\, d\xi + p_R \qquad (4.44)$$

4.2.3 Mathematisches Modell des Wandlers

Nachdem sowohl die Bewegungsgleichung als auch die Gleichungen
für den Druckaufbau abgeleitet sind, kann sowohl das Ersatzschaltbild (Bild 4.21) als auch das mathematische Modell aufgestellt werden.

Der Volumenstrom Q_3 wird im wesentlichen durch die Druckdifferenz zwischen dem Speisedruck $p_S = p_{AN,3}$ und dem Rücklaufdruck
$p_R = p_{AN,4}$ sowie dem Düsenquerschnitt A_S bestimmt.

$$Q_3 = \alpha_3 \cdot A_s \cdot \text{sign}(p_{AN,3} - p_{AN,4}) \cdot \sqrt{\frac{2}{\rho} \left| p_{AN,3} - p_{AN,4} \right|} \qquad (4.45)$$

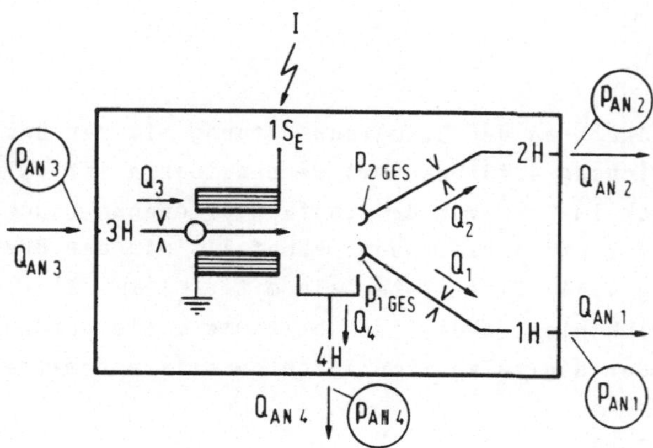

Bild 4.21: Ersatzschaltbild des Wandlers

Dieser Volumenstrom tritt als Strahl aus der Düse aus und
trifft auf die beiden gegenüberliegenden Empfangsöffnungen.
Dort habe der Strahl das durch Gleichung 4.40 angegebene
Druckprofil. Über den mit Gleichung 4.43 zu berechnenden mitt-
leren Gesamtdruck p_{1GES} an der 1.Empfangsöffnung, dem Quer-
schnitt A_E der Empfangsöffnung und dem statischen Anschlußdruck $p_{AN,1}$ kann der Volumenstrom Q_1 (Gl. 4.46) und analog der
Volumenstrom Q_2 (Gl.4.47) bestimmt werden.

$$Q_1 = \alpha_1 \cdot A_E \cdot \text{sign}(p_{1GES} - p_{AN,1}) \cdot \sqrt{\frac{2}{\rho} \left| p_{1GES} - p_{AN,1} \right|} \qquad (4.46)$$

$$Q_2 = \alpha_2 \cdot A_E \cdot \text{sign}(p_{2GES} - p_{AN,2}) \cdot \sqrt{\frac{2}{\rho} \left| p_{2GES} - p_{AN,2} \right|} \qquad (4.47)$$

Da keine bauelementinternen Speicher vorhanden sind, ergibt
sich der Volumenstrom Q_2 für den Rücklauf aus der Kirchhoff-
schen Regel:

$$Q_4 = Q_3 - Q_1 - Q_2 \qquad (4.48)$$

Die Anschlußvolumenströme $Q_{AN,i}$ i = 1,...,4 (Gl.4.49) sind
identisch mit Q_i, i = 1,...,4 in den Gleichungen 4.45, 4.46,
4.47 und 4.48. Für $Q_{AN,3}$ muß jedoch das Vorzeichen gewech-
selt werden (vom Knoten austretende Anschlußvolumenströme sind
positiv, in den Knoten eintretende negativ).

$$Q_{ANi} = Q_1 \qquad i = 1,2,4$$
$$\qquad \qquad \qquad \qquad \qquad \qquad \qquad (4.49)$$
$$Q_{AN3} = -Q_3$$

Die Anschlußvolumen $V_{AN,i}$, i = 1,...,4 sind alle konstant:

$$V_{ANi} = \text{konst.} \qquad i = 1,...,4 \qquad (4.50)$$

Die Anschlußgröße S_{1E} am Signaleingang ist der Strom I.
Mit den Zustandgrößen η, $\dot{\eta}$ und φ, $\dot{\varphi}$ lautet das DGL-System für
den elektrohydraulischen Wandler mit den Gleichungen 4.26
und 4.27:

$$y_1 = \frac{d\eta_S}{dt} = \dot{\eta}_S$$

$$y_2 = \frac{d\dot{\eta}_S}{dt} = \frac{1}{m}\left(F_M(i) - F_F(\eta_S,\varphi) - F_D(\dot{\eta}_S,\dot{\varphi})\right)$$

$$y_3 = \frac{d\varphi}{dt} = \dot{\varphi}$$

$$y_4 = \frac{d\dot{\varphi}}{dt} = \frac{1}{\theta}\left((a_M - a_S)F_M(i) + a_S F_F(\eta_S,\varphi) - M_F(\eta_S,\varphi) - M_D(\dot{\eta}_S,\dot{\varphi})\right)$$

(4.51)

Wie bereits erläutert, müssen vor der Durchführung von Simulationsrechnungen die Parameter C_M in Gleichung 4.28 und   in Gleichung 4.40 noch über eine Messung des statischen Verhaltens ermittelt werden. Unabhängig davon kann die Simulationsschaltung für das Gesamtventil erstellt werden.

4.2.4 Simulationsschaltung für das vollständige Servoventil.

Im Rahmen dieser Arbeit interessiert vor allem der modulare Aufbau des vollständigen mathematischen Modells von mehrstufigen Bauelementen und komplexen Schaltungen aus Simulationsbausteinen. Aus diesem Grund soll auf die Modellbildung für den Hardwareaufbau des Reglers hier nicht näher eingegangen werden. Die Hauptsteuerstufe kann, wie bereits erläutert, durch eine Vollbrücke beschrieben werden. Die Simulationsschaltung für das Servoventil in seiner Zusammensetzung aus einem Universalbaustein und zwei gerätetypspezifischen Bausteinen zeigt Bild 4.22.

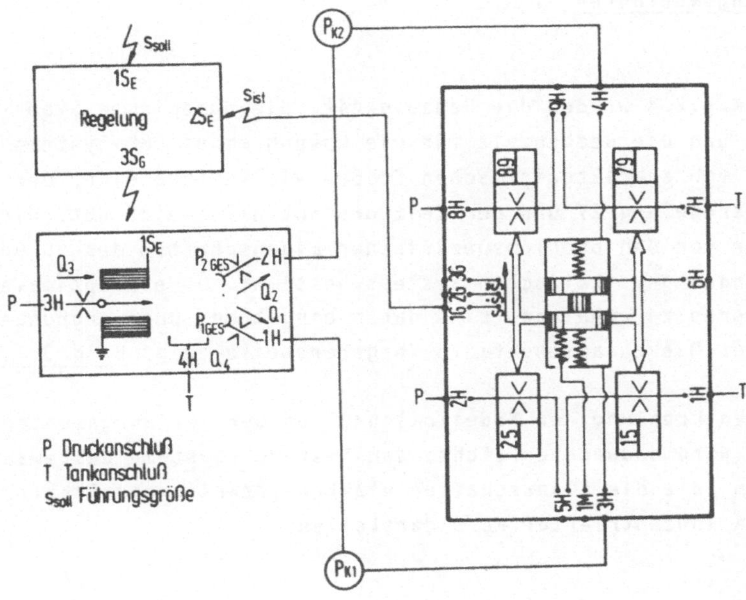

Bild 4.22: Simulationsschaltung des Servoventils

Ergebnisse für den Vergleich Messung - Simulation sind in Kapitel 6 enthalten.

5 Untersuchung und Auswahl von problemspezifischen Berechnungsverfahren

Nach Kap.2.4 werden die Genauigkeit, die numerische Stabilität und die Rechenzeit für die Lösung eines DGL-Systems stark von charakteristischen Größen wie Wertebereiche der Zustandsregelung ZV und der Zeitkonstanten T beeinflußt. Diese werden von den problemspezifischen Eigenschaften des zu untersuchenden physikalischen Systems bestimmt. Um ein optimales Verfahren zu erhalten, sind daher eingehende Untersuchungen notwendig. Die zusammengefaßte Vorgehensweise zeigt Bild 5.1.

Eine Entkopplung der Modellbildung von der Verfahrensuntersuchung wird dadurch erreicht, daß Test-DGL-Systeme ausgewählt werden, die die Eigenschaften elektrohydraulischer Schaltungen in konzentrierter Form darstellen.

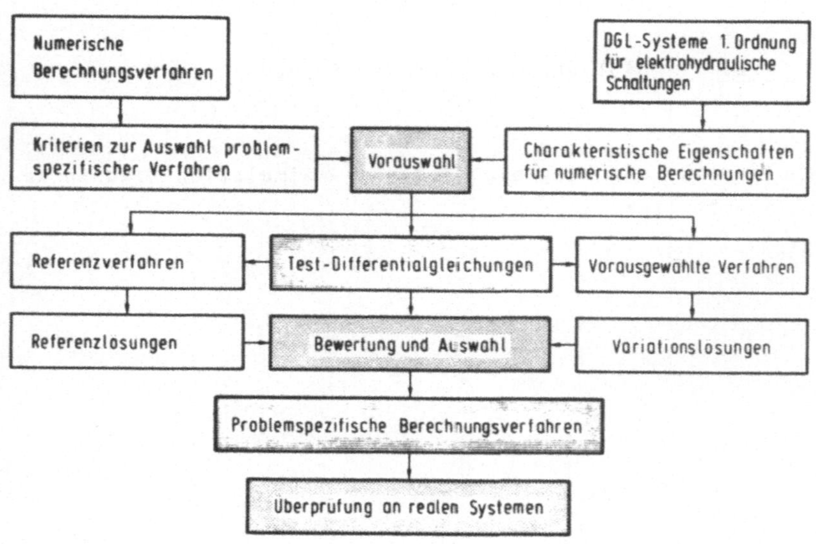

Bild 5.1: Vorgehensweise zur Auswahl problemspezifischer Berechnungsverfahren

Zur Überprüfung der problemspezifischen Verfahren wird ein Referenzverfahren unter dem Gesichtspunkt der größtmöglichen Genauigkeit und ohne Berücksichtigung der Rechenzeit bestimmt, mit dem ebenfalls die Test-DGL gelöst werden. Die so erhaltenen Referenzlösungen dienen als Vergleichsnorm bei der Bewertung der Genauigkeit der einzelnen Verfahren und ihrer Variationen.

Neben der Genauigkeit und der Stabilität ist vor allem die benötigte Rechenzeit t_{CPU} zur Lösung des DGL-Systems ein entscheidendes Kriterium zur Auswahl. Das oder die ausgewählten Verfahren werden anschließend an realen Systemen überprüft.

5.1 Charakteristische Eigenschaften von aus elektrohydraulischen Schaltungen abgeleiteten DGL- Systemen

Nach Kap. 2.4 müssen bei der Auswahl problemspezifischer Berechnungsverfahren die charakteristischen Eigenschaften des zu lösenden DGL- Systems mit berücksichtigt werden. Dabei handelt es sich um die Fragen, ob es sich um ein lineares oder nichtlineares System handelt, ob die Wertebereiche der einzelnen ZV große Unterschiede aufweisen, inwieweit die ZV Unstetigkeiten in ihrem Verlauf aufweisen und ob die Wertebereiche der einzelnen Zeitkonstanten in ihrer Größenordnung stark differieren.

Bei der Durchführung einer Berechnung in SI- Einheiten haben Wege (z.B. Steuerblendenverstellungen) eine Größenordnung von ca. 10^{-4}m. Mittlere Drücke können mit ca. $100 \cdot 10^5$N/m angenommen werden. Das bedeutet, daß die Größenordnungen um mehr als 10 Zehnerpotenzen differieren können.

Die Verläufe der einzelnen ZV weisen Unstetigkeiten auf. Z.B. bedeuten harte Anschläge von Kolben Unstetigkeitsstellen in den Weg- und Geschwindigkeitsverläufen. Druckspitzen entstehen

ebenfalls durch Kolbenanschläge oder auch durch das Schalten
von Wegeventilen.

Die Differentialgleichung für den Druckaufbau vor einem Kolben ist ebenfalls stark nichtlinear. Das bedeutet, daß auch
die Zeitkonstante T_1 immer nur für den jeweiligen Arbeitspunkt gültig ist . Dieser Umstand ist in der Regel bei den
bisher durchgeführten numerischen Lösungen von elektrohydraulischen Schaltungen nicht berücksichtigt worden.

Die Diskussion des nichtlinearen Einflusses kann beispielhaft
an der Schaltung nach <u>Bild 5.2</u> durchgeführt werden. Über eine Blende 12 strömt ein Volumenstrom Q_{12} vom Punkt 1 zum
Punkt 2,in dem ein Druck p_2 aufgebaut wird. Störgröße beim
Druckaufbau ist die Bewegung des nachgeschalteten Kolbens.
Das Volumen V_2 = konstant = V_{konst} wird um $A_k \cdot s$ vergrößert,
und es wird ein Volumenstrom $A \cdot \dot{s}$ erzeugt, der den Druckaufbau
im Punkt 2 verlangsamt.

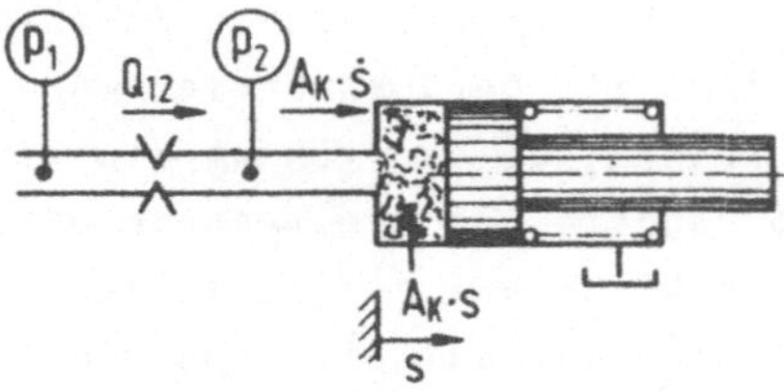

<u>Bild 5.2:</u>   Druckaufbau vor einem Kolben

Für eine übersichtliche Darstellung der nachfolgenden Ableitung wird in der Durchflußgleichung der hydraulische Leit-
wert G eingeführt (Gl. 5.1). Nach Einsetzen in die Gleichung
2.8 für die Druckanstiegsgeschwindigkeit und Berücksichtigung
des Kolbenschiebereinflusses ergibt sich Gleichung 5.2.a:

$$Q_{12} = G \cdot \sqrt{(p_1 - p_2)} \; ; \qquad G_{12} = \alpha_{12} \cdot A_{12} \sqrt{2/\rho} \tag{5.1}$$

$$\dot{p}_{12} = \frac{G \cdot \sqrt{(p_1 - p_2)} - A_K \cdot \dot{s}}{\beta(V_{KONST} + A_k \cdot s)} \tag{5.2.a}$$

Im Arbeitspunkt $P_{STAT}((p_1-p_2)_{STAT}, s_{STAT}, \dot{s}_{STAT})$ kann
eine Linearisierung über das totale Differential (Gl.5.2.b)
durchgeführt werden. Es ergibt sich eine DGL 1.Ordnung für
den Druckaufbau im Punkt 2 (Gl. 5.3.a) mit der Zeitkonstanten T_1 (Gl.5.3.b).

$$d\dot{p}_2 = \frac{\dot{p}_2}{\partial(p_1-p_2)} \, d(p_1-p_2) + \frac{\dot{p}_2}{\partial s} \, ds + \frac{\dot{p}_2}{\partial \dot{s}} \, ds \qquad (5.2.b)$$

Gleichung 5.3.b zeigt, daß die Zeitkonstante unabhängig von
der Geschwindigkeit $\dot{s}_{STAT}$, aber abhängig von dem Kolbenweg
s_{STAT} und dem Druckunterschied $(p_1-p_2)_{STAT}$ ist. Der entschei-
dende Unterschied im Einfluß von s_{STAT} und $(p_1-p_2)_{STAT}$ besteht
darin, daß mit $s_{STAT} \rightarrow 0$ die Zeitkonstante einem Grenzwert zu-
strebt, während sie mit $(p_1-p_2)_{STAT} \rightarrow 0$ gegen Null geht.

$$T_1 \cdot \dot{p}_2 + p_2 = g(s,\dot{s},p_1) \qquad (5.3.a)$$

$$T_1 = \frac{2\beta}{G} \cdot (V_{KONST} + A_k \cdot s_{STAT}) \sqrt{(p_1 - p_2)_{STAT}} \qquad (5.3.b)$$

Das bedeutet, daß bei kleinen Druckunterschieden an der Blende
der Druckausgleich viel schneller durchgeführt wird als im
Sättigungsbereich bei großen Druckunterschieden. Mit wechseln-
den Zeitkonstanten kann eine optimale Schrittweite h über dem
gesamten Simulationszeitraum nur mit Verfahren mit automatischer Schrittweitensteuerung eingestellt werden. Verfahren mit
konstanter Schrittweite müssen hier ineffizient arbeiten.

5.2 Auswahl von Test-Differentialgleichungen

Bild 5.3 zeigt ein nichtlineares DGL-System nach Van der Pol
/34/. Es ist in seinem Aufbau und seinen Eigenschaften elektrohydraulischen Systemen sehr ähnlich, da die Lösung einer
DGL in einem sonst kontinuierlichen Verlauf eine Sprungstelle
aufweist, und zwar bei $t = 1,2143$. Hier springt der Wert von
y_2 impulsförmig von ca.0,01 auf ca.-1300 und zurück. Der maximale Eigenwert λ_{MAX} springt ebenfalls von ca.-1,55 auf ca.
3000. Die Wertebereiche der einzelnen ZV,die zunächst im gleichen Größenordnungsbereich gelegen haben, differieren nach der
Sprungstelle um mehr als 7 Zehnerpotenzen.

Zwei weitere ausgewählte DGL-Systeme zeigen die Bilder 5.4 und 5.5. Ihre speziellen Eigenschaften sind im Bild mit angegeben.

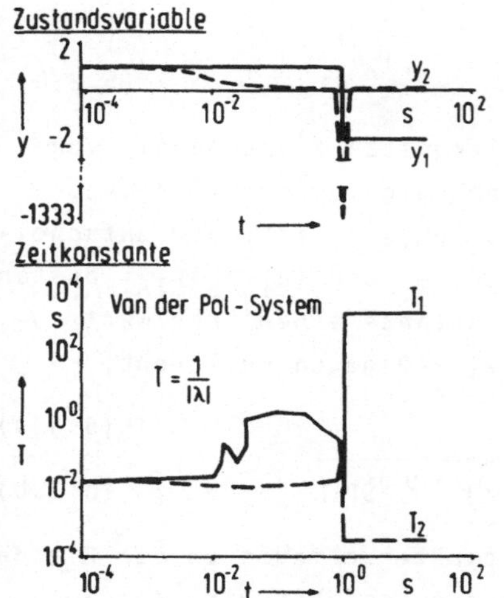

DGL-System:

$$\dot{y}_1 = y_2$$
$$\dot{y}_2 = K(1-y_1^2)\cdot y_2 - y_1$$

Anfangsbedingungen:

$$y_1(t=0) = y_2(t=0) = 1$$
$$K = 1000$$

Spezielle Eigenschaften:

Nichtlineares DGL-System

Unstetiger Zustandsvariablenverlauf

Großer Wertebereich für y_2

Variable komplexe Eigenwerte

stark unterschiedliche Werte der Zeitkonstanten für $t > 1$

Bild 5.3: DGL-System nach Van der Pol /34/

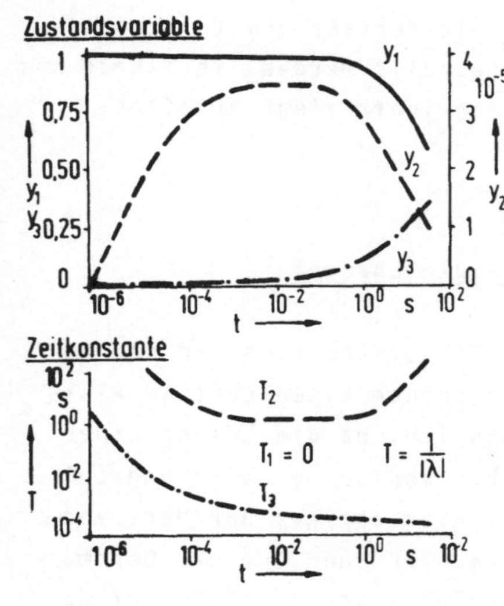

DGL-System:

$$\dot{y}_1 = -0{,}04\,y_1 - 10^4 \cdot y_2 \cdot y_3$$
$$\dot{y}_2 = 0{,}04\,y_1 - 10^4 \cdot y_2 \cdot y_3 - 3\cdot10^7\cdot y_2^2$$
$$\dot{y}_3 = 3\cdot10^7\cdot y_2^2$$

Anfangsbedingungen:

$$y_1(t=0) = 1$$
$$y_2(t=0) = y_3(t=0) = 0$$
$$y_1 + y_2 + y_3 = 1$$

Spezielle Eigenschaften:

stetiger Zustandsvariablenverlauf

variable reelle Eigenwerte

großer Eigenwertebereich

nichtlineares DGL-System

Bild 5.4: DGL-System nach Robertson /60/

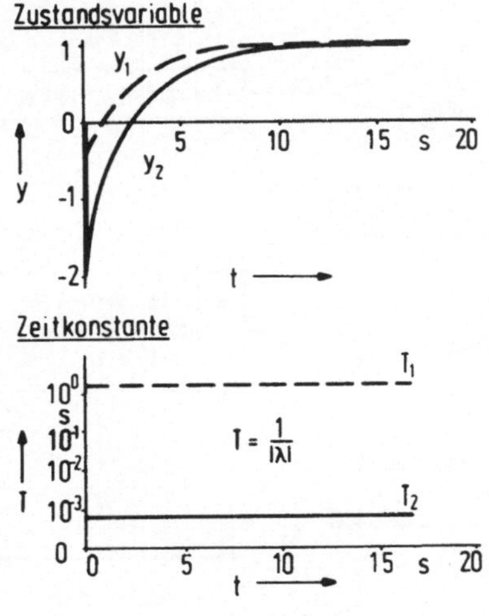

DGL - System:
$$\dot{y}_1 = -2000\,y_1 + 999{,}75\,y_2 + 1000{,}25$$
$$\dot{y}_2 = y_1 - y_2$$

Anfangsbedingungen:
$$y_1\,(t=0) = 0 \;;\; y_2\,(t=0) = 0$$

Analytische Lösungen:
$$y_1 = -1{,}49 \cdot e^{\lambda_1 t} + 0{,}490 \cdot e^{\lambda_2 t} + 1$$
$$y_2 = 2{,}99 \cdot e^{\lambda_1 t} - 0{,}002 \cdot e^{\lambda_2 t} + 1$$

Spezielle Eigenschaften:
Lineares DGL-System

Konstante Koeffizienten

Unstetiger Zustandsvariablenverlauf

Bild 5.5: Analytisch lösbares DGL-System

5.3 Vorauswahl numerischer Berechnungsverfahren

Nach der Analyse der problemspezifischen Eigenschaften der
DGL-Systeme elektrohydraulischer Schaltungen und der in Kap.2.4
dargestellten Eigenschaften numerischer Berechnungsverfahren
kann die Vorauswahl nach Bild 5.6 durchgeführt werden.

Die aufgrund dieser Vorgehensweise näher zu untersuchenden
Verfahren zeigt Bild 5.7. Das RKM4-Verfahren ist derzeit am
weitesten verbreitet. Nach /31,59/ liefert die Fehlerabschät-
zung jedoch nur für lineare DGL genaue Werte. Bei Schrittweiten h>1 ergibt die Fehlerschätzung,z.B. für die DGL

$$\dot{y} = \frac{2}{t}\,y \tag{5.4}$$

einen zu großen Wert, bei großen Schrittweiten (z.B. h = 1)
einen zu kleinen Wert. Für elektrohydraulische Systeme wird
die Schrittweite h aufgrund der Zeitkonstanten immer bedeu-

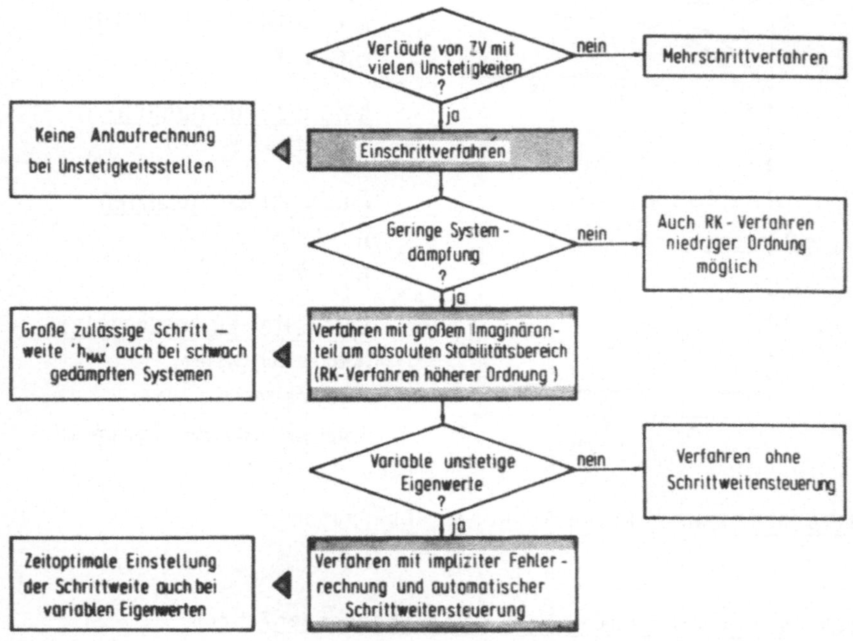

Bild 5.6: Vorauswahl problemspezifischer numerischer Berechnungsverfahren

tend kleiner als 1 sein. Da der berechnete Schrittfehler E dann stets zu groß wird, sollte das RKM4-Verfahren für den vorliegenden Anwendungsfall ebenfalls mitbetrachtet werden.

Nach /35,42/ ermöglichen die unterschiedlichen, von Fehlberg entwickelten Verfahren auch genaue Fehlerabschätzungen für nichtlineare Systeme, benötigen aber gegenüber dem RKM4-Verfahren eine zusätzliche Funktionsauswertung. Als Referenzverfahren wird daher das RKF4-Verfahren mit einer vorgegebenen Genauigkeit von 10^{-9} (absolut) ausgewählt. Der Formelsatz und die Koeffizienten sind bereits in Bild 2.10 dargestellt worden.

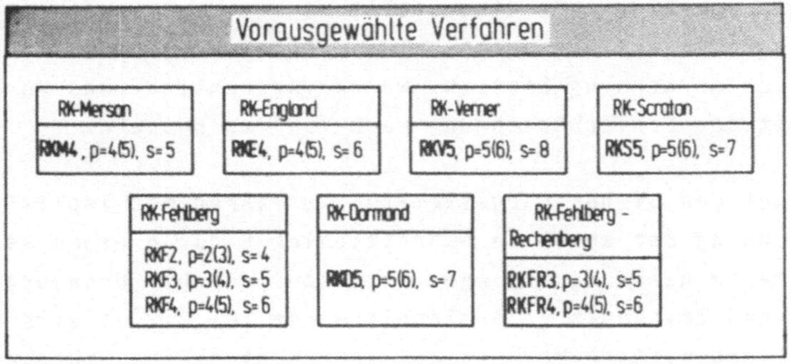

Bild 5.7: Vorausgewählte numerische Berechnungsverfahren mit automatischer Schrittweitenrechnung

5.2.1 Treanor-Verfahren

Bei der Auswahl der numerischen Berechnungsverfahren fiel eine Methode mit einem erweiterten Stabilitätsbereich auf, die speziell für DGL-Systeme 1.Ordnung mit weit auseinanderliegenden Eigenwerten entwickelt worden ist /62/. Im Gegensatz zum RK4-Verfahren führt der stark vergrößerte Stabilitätsbereich dazu (Bild 5.8), daß auch bei schnellen, aber unwesentlichen Lösungsanteilen eine große Schrittweite h gewählt werden kann, ohne daß die Lösung numerisch instabil wird.

Grundlage des Verfahrens ist eine aus der Lipschitz-Bedingung abgeleitete Approximationsformel für die DGL $\dot{y}$ = f(t,y), die die Änderungsgeschwindigkeit der Ableitungsfunktion mitberücksichtigt. Der entwickelte Algorithmus kann prinzipiell als eine RK4-Formel mit einer zusätzlichen Berücksichtigung der partiellen Ableitung f_y der Gleichung $\dot{y}$ = f(t,y) betrachtet werden.

Dadurch können bei stetigen Verläufen große Schrittweiten h unabhängig vom Eigenwert eingestellt werden. Da Voruntersuchungen gute Ergebnisse zeigten, das Verfahren jedoch keine implizite Fehlerrechnung besitzt, wurde versucht, dieses Verfahren mit der Fehlerberechnung nach /59/ zu koppeln.

Während bei den bisher dargestellten Verfahren mit impliziter Fehlerrechnung der absolute Schrittfehler E durch einen Vergleich zweier Näherungslösungen unterschiedlicher Ordnungen zum gleichen Zeitpunkt t_n ermittelt wurde (Gl.2.21), wird bei der jetzt angewandten Methode auf unterschiedliche Stützpunkte $P_i(t_i,y_i)$ und der entsprechenden Steigungswerte f_i in einem Berechnungsschritt nach Bild 2.7 zurückgegriffen.

(5.5)

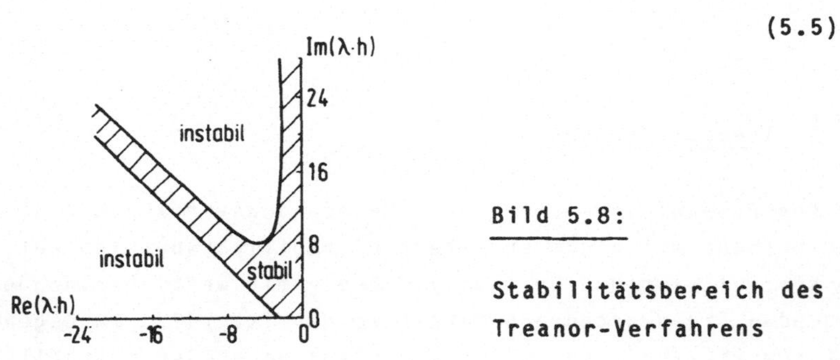

Bild 5.8:

Stabilitätsbereich des Treanor-Verfahrens

5.4 Durchführung der Variationsrechnungen

Um Rundungsfehler auszuschalten, wurden alle Berechnungen auf der Rechenanlage der Universität Stuttgart, einer CDC 6600 mit 60-bit-Wortlänge durchgeführt. Um die Obertragung der Ergebnisse auf andere Rechenanlagen sicherzustellen, wurden sie auf einer Digital VAX 11-780 überprüft. Alle drei DGL-Systeme wurden mit dem RKF4-Verfahren bei einer Genauigkeitsschranke von 10^{-9} berechnet. Die erhaltenen Lösungen werden als Referenzlösungen bezeichnet.

Zur Überprüfung der Genauigkeit des Referenzverfahrens wurde
das lineare DGL-System analytisch gelöst und mit der Referenzlösung verglichen. Die vorgegebene Genauigkeit von 10^{-9} wurde
durch die numerische Lösung eingehalten. Das Van der Pol-System und das Robertson-System wurden zudem bereichsweise mit
einem Extrapolationsverfahren /61/ und dem Adam-Prediktor-Kor-
rektor-Verfahren /61/ gelöst und mit den Referenzlösungen verglichen. Auch hier wurde die Fehlerschranke eingehalten, so
daß im weiteren Verlauf angenommen werden kann, daß die Referenzlösungen genau sind und zur Überprüfung der näher zu untersuchenden Verfahren herangezogen werden können.

Die Genauigkeit der einzelnen, zu untersuchenden Variations-
lösungen wird durch die Abweichung A bestimmt. Dabei wird
Y_{AKT} als jeweiliger Ordinatenwert der Referenzlösung und
$\hat{Y}_{AKT}$ als Ordinatenwert der entsprechend zu untersuchenden Variation bezeichnet. Die Abweichung A zwischen Referenz- und
Variationslösung wird nach Gleichung 5.6 berechnet.

$$A = Y_{AKT} - \hat{Y}_{AKT} \tag{5.6}$$

5.4.1 <u>Einfluß der Fehlernormierung und der Fehlerschranke</u> <u>auf die Stabilität der Lösung</u>

Fehler als Maßstab für Genauigkeitsangaben werden in der Regel
nicht als absolute Größe betrachtet, sondern auf eine Bezugs-
größe, z.B. bei Meßsystemen auf den maximalen Meßbereich, be-
zogen. Um Fehler unterschiedlicher ZV gleichrangig zu bewerten,
ist für eine Schrittweitensteuerung die Fehlernormierung ebenfalls notwendige Voraussetzung. So bedeutet z.B. ein absoluter
Fehler von $1 \cdot 10^{-2}$ N/m^2 bei einem Druck von $p_{MAX} = 100$ bar $=
100 \cdot 10^5$ N/m^2 einen Fehler von 10^{-7}%, während der absolute Feh-
ler $1 \cdot 10^{-2}$ m/s bei einer Geschwindigkeit $\dot{s} = 1 \cdot 10^{-2}$ m/s einer
100% Änderung entspricht.

Die Normierung schafft daher erst die Grundlage, die Fehler unterschiedlicher ZV miteinander vergleichen zu können. Der normierte Schrittfehler F_{REL} wird aus dem absoluten Schrittfehler E durch Division mit einem noch näher zu bestimmenden Normierungswert y_{REL} berechnet.

$$F_{REL,i} = E_i \, / \, y_{REL,i} \tag{5.7}$$

Durch die Fehlernormierung wird in entscheidendem Maß die Genauigkeit der Rechnung beeinflußt. Um eine möglichst flexible Anpassung an die jeweiligen Randbedingungen des zu untersuchenden Systems zu ermöglichen, werden zwei unterschiedliche Normierungen untersucht.

Die einfachste relative Fehlerrechnung besteht in einer Normierung des Fehlers auf einen festen Ordinatenwert. Diese Normierung erscheint dann sinnvoll, wenn sich der Verlauf der einzelnen ZV vorzugsweise in einem engen Bereich befindet:

$$y_{REL,i} = y_{MAX,i} \tag{5.8}$$

In Gleichung 5.9 wird zusätzlich der aktuelle Wert der ZV mitberücksichtigt. Der konstante Normierungswert wird auf 1% des Maximalwertes vermindert.

$$Y_{REL,i} = MAX\left(|Y_{AKT,i}| \;,\; \left|\frac{Y_{MAX,i}}{100}\right|\right) \tag{5.9}$$

Für einen Vergleich mit einer vorgegebenen Fehlerschranke EPS_{REL} wird aus dem Fehlervektor $F_{REL,i}$ aller ZV das größte Element ausgewählt.

$$F_{REL,MAX} = MAX\left(\frac{E_i}{Y_{REL,i}}\right) \qquad i = 1, ANZ_{DGL} \tag{5.10}$$

Ist nach einem Integrationsschritt der ermittelte Fehler größer als eine angegebene Schranke $F_{REL,MAX} > EPS_{REL}$, so wird die Integration mit einer neuen Schrittweite h wiederholt. Für $F_{REL,MAX} < EPS_{REL}$ wird die neue Schrittweite h für

den nächsten Integrationsschritt vorgemerkt. Den Einfluß der
Fehlernormierung auf die Rechenzeit zur Simulation der hydraulischen Schaltung nach Kap. 6.2.4 zeigt __Bild 5.9.__ Da beide
Normierungen numerisch stabile Lösungen ergeben, kann die
rechenzeitgünstigere Normierung nach Gleichung 5.8 weiterver-
wendet werden.

Bei Systemen, in denen die Eigen- bzw. Eckfrequenzen stark dif-
ferieren, wird eine ZV hoher Eigenfrequenz relativ stärkeren
Zuwachs pro Integrationsschritt aufweisen als ZV mit niedriger
Eigenfrequenz. Das heißt, die Fehlerberechnung und damit die
Schrittweitenregelung wird sich in der Regel auf eine ZV mit
hoher Eigenfrequenz beziehen.

Andererseits ist aber zur Beurteilung eines Simulationslaufes
notwendig, daß auch ZV mit einer niedrigen Eigenfrequenz bzw.
Eckfrequenz - z.B. in einer Sprungantwort - ihren eingeschwun-
genen Zustand bzw. ihren Beharrungszustand erreichen. Die Rechenzeit t_{CPU} der Simulation richtet sich also nach der Zu-
standsgröße mit der niedrigsten Eigenfrequenz.

Fehlerrechnung \ Verfahren	Rechenzeit t_{CPU}		
	RKM4	RKF3	RKF4
$F_{REL,i} = \dfrac{E_i}{\lvert Y_{MAX,i} \rvert}$	100 %	71 %	52 %
$F_{REL,i} = \dfrac{E_i}{MAX(\lvert Y_{AKT,i} \rvert, \frac{\lvert Y_{MAX,i} \rvert}{100})}$	130 %	98 %	74 %

__Bild 5.9:__ Einfluß der Fehlernormierung auf die Rechenzeit t_{CPU}
$$EPS_{REL} = 1 \cdot 10^{-4}$$
DGL - System : Schaltung nach Kap. 6.2.4

Dies kann bedeuten, daß bei niedrig gewählter Fehlerschranke sehr hohe Rechenzeiten notwendig werden. Es stellt sich daher die Frage, wie weit die Fehlerschranke EPS_{REL} vergrößert werden kann, ohne daß die dann größer werdenden Fehler bei ZV mit hoher Eigenfrequenz wesentlichen Einfluß auf die Gesamtdynamik des Systems haben.

<u>Bild 5.10</u> zeigt die Stabilitätsgrenze am Beispiel des Van der Pol-Systems. Bezüglich der Stabilität der Lösung ergeben sich unabhängig vom untersuchten Verfahren und der gewählten Normierung gleiche Ergebnisse. Alle untersuchten Verfahren integrieren bei Vorgabe einer Fehlerschranke $EPS_{REL} < 10^{-2}$ stabil.

Auch bei der Integration von aus elektrohydraulischen Schaltungen abgeleiteten DGL-Systemen wird für eine Fehlerschranke $EPS_{REL} < 1 \cdot 10^{-2}$ eine numerisch stabile Lösung erzielt. Dieser Wert kann daher als Richtwert für praktische Anwendungen angenommen werden.

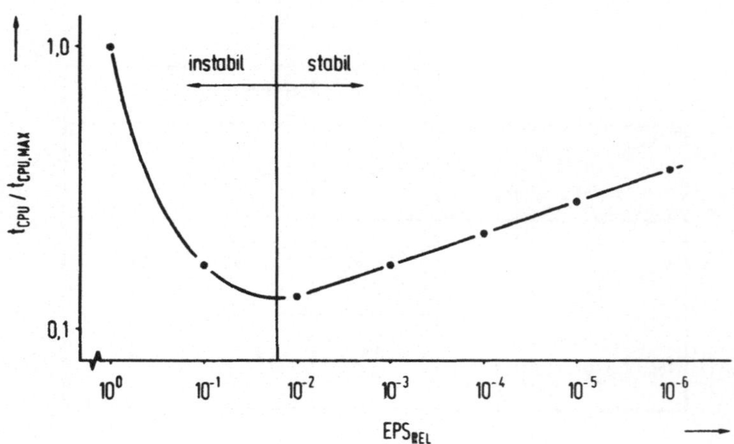

<u>Bild 5.10:</u> Einfluß der Fehlerschranke auf die Stabilität und die Rechenzeit

Auch das RKM4-Verfahren integriert das Van der Pol-System genau. Dies beruht darauf, daß aufgrund der großen Eigenwerte λ_{MAX} der schnellen ZV die Schrittweite $h \ll 1$ gewählt wird. Somit findet immer eine Oberbetonung des Fehlers statt, und das Verfahren integriert genauer als vorgegeben. Bei der Interpretation des _Bildes 5.10_ ist zu beachten, daß sich für die einzelnen untersuchten Verfahren unterschiedliche maximale Rechenzeiten $t_{CPU,MAX}$ ergeben. Bei Betrachtung des Einflusses der Fehlerschranken zeigen sich relativ zu den jeweils benötigten Rechenzeiten gleiche Verhältnisse.

Nachdem festgestellt wurde, daß alle untersuchten Verfahren den Genauigkeits- und Stabilitätsanforderungen entsprechen, kann der Einfluß der Schrittweitensteuerung auf den Rechenaufwand näher untersucht werden.

5.4.2. Automatische Schrittweitensteuerung

Der zeitliche Aufwand zur Lösung eines DGL-Systems kann entweder über die benötigte Rechenzeit t_{CPU} (wie in _Bild 5.10_ angewandt) oder über die Anzahl der benötigten Funktionsauswertungen N_{FKT} des DGL-Systems bestimmt werden. Der zweite Weg ist möglich, da die Auswertung der Ableitungsfunktion den wesentlichen Anteil der Rechenzeit bestimmt und genauere Aussagen als die Erfassung der Rechenzeit ermöglicht. Für die Ermittlung der neuen Schrittweite h sind unterschiedliche Verfahren bekannt.

Die einfachste Form der Schrittweitensteuerung besteht darin, die Schrittweite h bei Nichterfüllung der Genauigkeitsanforderung zu halbieren und den Simulationsschritt zu wiederholen, bzw. bei Erfüllung zu verdoppeln und für den nächsten Schritt vorzumerken.

$$EPS_{REL} \quad F_{REL,MAX}: \quad \tilde{h} = 2h \quad (\tilde{h} \text{ für nächsten Schritt vormerken})$$

$$EPS_{REL} \quad F_{REL,MAX}: \quad \tilde{h} = h/2 \quad (\text{Integration mit } \tilde{h} \text{ wiederholen})$$

Man kann leicht erkennen, daß diese Formel zu ständigem Wechsel der Schrittweiten und zu vielen Wiederholungen führt, da die Schrittweite h zu groß gewählt wurde. Eine verfeinerte Form der Schrittweitensteuerung wird in /11/ angegeben. Sie sieht einen Bereich vor, in dem die Schrittweite h nicht verändert wird. Die genaue Beschreibung zeigt <u>Bild 5.11</u>.

Voruntersuchungen haben gezeigt, daß auch diese Schrittweitensteuerung zu vielen Wiederholungen des Rechenschritts bei Unstetigkeiten wegen zu groß gewählter Schrittweite führt. Es wurde daher ein Verfahren entwickelt, das eine stetige Anpassung der Schrittweite an die vorhandenen Gegebenheiten ermöglicht.

Alle Berechnungen mit stetiger Schrittweitensteuerung benötigen deutlich weniger Funktionsauswertungen als die unstetige Schrittweitensteuerung. Bei einem vorgegebenen EPS_{REL} bestimmt die Wahl des Steigungsfaktors a sehr stark die Rechenzeit.

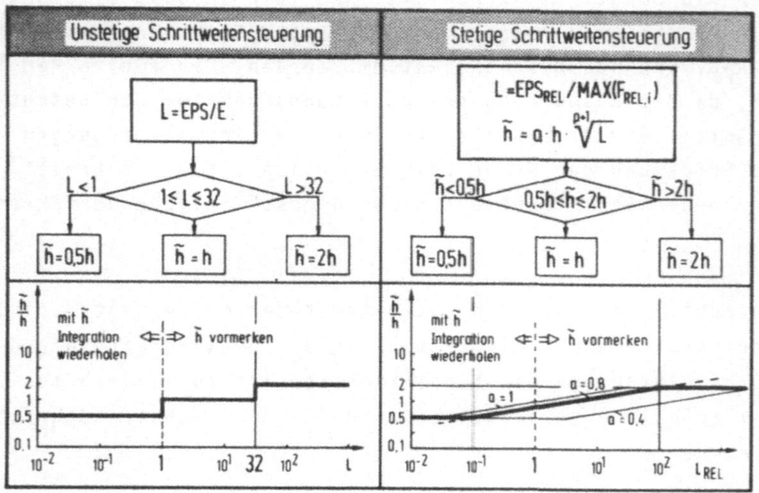

Bild 5.11: Verfahren zur Schrittweitensteuerung

Zwischen den Extremwerten a = 1 (hohe Rechenzeit durch häufige Wiederholung der Berechnung durch zu groß gewählte Rechenschrittweite) und a = 0,5 (hohe Rechenzeit durch ständig zu klein bestimmte Schrittweite und damit zu hoher Genauigkeit liegt das Optimum bei a = 0,8...0,9. Die Anzahl der Funktionsauswertungen an der Sprungstelle des Van der Pol-Systems im Untersuchungszeitraum t=1,20 s ... 1,22 s zeigt Bild 5.12.

	Schrittweitensteuerung						
	unstetig	stetig					
		$a = 0,5$	$a = 0,6$	$a = 0,7$	$a = 0,8$	$a = 0,9$	$a = 1,0$
N_{FKT}	1472	1100	756	501	412	431	1013

Verfahren : RKM4 ;
DGL-System : Van der Pol ;
$y_{REL} = y_{MAX}$;
$\Delta t = t_{1,20} \cdots t_{1,22}$;
$EPS_{REL} = 1,0 \cdot 10^{-3}$;

Bild 5.12: Einfluß des Steigungsfaktors a auf die Anzahl der Funktionsauswertungen

5.4.3 Rechenzeitbedarf von Berechnungsverfahren

Nachdem gezeigt worden ist, daß alle Verfahren insgesamt stabil integrieren, und nachdem eine optimale Schrittweitensteuerung ermittelt worden ist, können nun die Verfahren selbst in Bezug auf den Rechenaufwand näher untersucht werden.

Zunächst wird für alle Verfahren der Zeitbedarf zur Simulation des Van der Pol-Systems ermittelt. Dabei kann sowohl der Zeitbedarf für die Gesamtsimulation als auch der Zeitbedarf zur Integration der Unstetigkeitsstelle bei t=1,2143 untersucht werden. Die Differenzierung ist notwendig, um Hinweise auf die Verwendbarkeit der einzelnen Verfahren zur Simulation von hy-

draulischen Schaltungen mit vielen Druckspitzen bzw. starken
Schwingungen oder von Schaltungen mit stetigen Verläufen zu
geben.

Da Druckspitzen in hydraulischen Systemen sehr häufig vorkom-
men, muß das Verhalten an Unstetigkeitsstellen genauer untersucht werden. <u>Bild 5.13</u> zeigt zunächst den Zeitbedarf der einzelnen Verfahren bei unterschiedlichen Fehlernormierungen zur
Integration der Unstetigkeitsstelle.

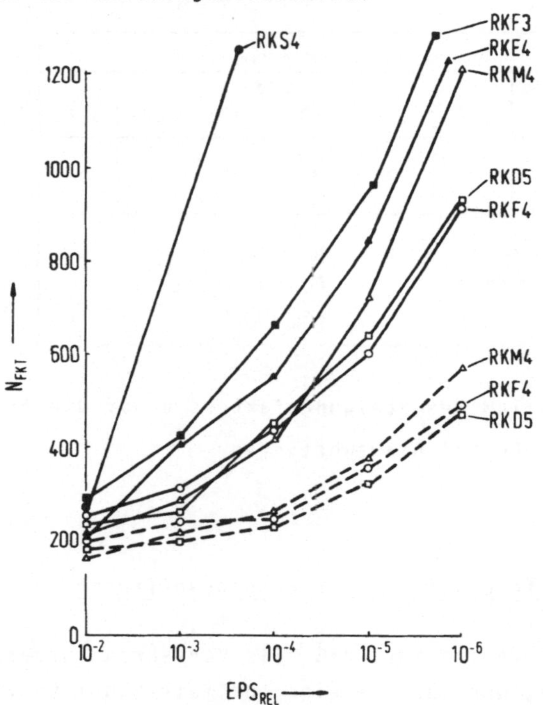

<u>Bild 5.13:</u>   Rechenaufwand zur Integration von Unstetigkeits-
stellen

Δt	:	$t_{1,00} \quad \cdots t_{1,22}$
DGL-System	:	Van der Pol
Schrittweiten-steuerung	:	stetig, a = 0,8; EPSREL = 10^{-4}
-------- $F_{REL,i}$	=	$E_i / y_{MAX,i}$
———— $F_{REL,i}$	=	$E_i / (MAX(\ y_{AKT,i}, \ y_{MAX,i}/100 \ ))$

Es zeigt sich, daß Verfahren niedriger Ordnung bei geringer
vorgegebener Genauigkeit und Verfahren höherer Ordnung bei
großer vorgegebener Genauigkeit die Unstetigkeit mit der geringsten Anzahl von Funktionsauswertungen integrieren.

Dies bestätigt die Aussage von /35/, daß die Fehlberg-Ver-
fahren sehr gut sowohl für lineare als auch für nichtlineare
Systeme geeignet sind. Man kann daraus schließen, daß für
Systeme mit hohem Schwingungsanteil RKF -Verfahren günstig
einzusetzen sind. Eine weitaus höhere Anzahl von Funktionsauswertungen benötigt das Treanor-Verfahren. Es ist aus diesem Grund nicht mehr in das Diagramm eingezeichnet und erscheint ungeeignet für stark schwingende Systeme.

Nachdem der Rechenzeitbedarf zunächst ausschließlich für die
Unstetigkeitsstelle überprüft worden ist, werden die einzelnen Verfahren im nächsten Schritt über den gesamten Simulationszeitraum des Van der Pol-Systems bei verschiedenen vorgegebenen Genauigkeiten getestet. Bild 5.14 zeigt, daß hier
das Treanor-Verfahren eindeutig am schnellsten integriert. In
einem großen Abstand folgt dann das RKM4-Verfahren. Wiederum
deutlich langsamer integrieren die übrigen Verfahren.

Diese schnelle Integration durch das RKT4-Verfahren ist sicher-
lich auf den großen Stabilitätsbereich zurückzuführen, der vor
allem bei stetigem Verlauf der ZV voll zum Tragen kommt. Ein
genauer Vergleich mit dem RKM4 als zweitschnellstem Verfahren
soll zeigen, in welchen Fällen das RKT4-Verfahren sinnvoll
eingesetzt werden kann.

Bild 5.15 zeigt die Anzahl der Funktionsauswertungen und die
entsprechende Rechenschrittweite h für die Integration des
Van der Pol-Systems. Ganz entscheidend kann hier die Reaktion
der maximalen stabilen Rechenschrittweite als Funktion der
Eigenwerte des DGL-Systems und des Stabilitätsbereichs des Berechnungsverfahrens dargestellt werden.

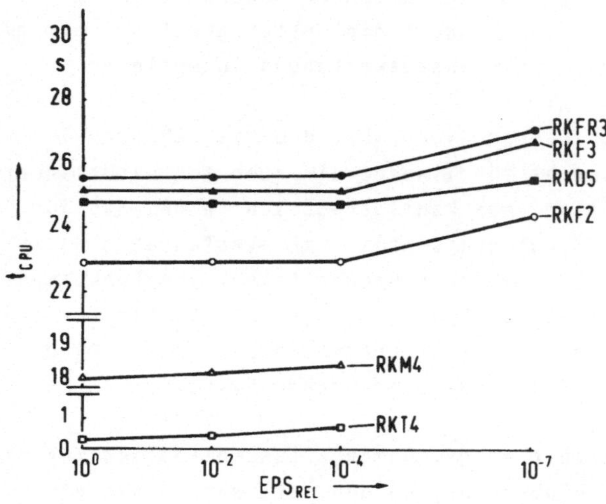

Bild 5.14: Rechenzeitbedarf unterschiedlicher Verfahren für eine Simulation über einen längeren Zeitraum

$$\Delta t \quad = \quad t_0 \ldots t_{50}$$

DGL-System : Van der Pol

Schrittweiten-

steuerung : stetig, a = 0,8

$$F_{REL,i} \quad = \quad E_i/y_{MAX,i} \; ; \; EPS_{REL} = 1 \cdot 10^{-4}$$

Für 10^{-4}s $\geq$ t $\geq 10^{-2}$s , wenn die Zeitkonstanten der einzelnen ZV in ihren Werten eng beieinander liegen, verhalten sich RKM4 und RKT4 gleich. Im Bereich 10^{-2}s $>$ t $\geq$ 1 s , der durch einen teilweise unstetigen Verlauf der Zeitkonstanten T_2 und durch eine Differenz im Wertebereich der Zeitkonstanten T_1 und T_2 gekennzeichnet ist, ergeben sich schon deutliche Vorteile für das Treanor-Verfahren.

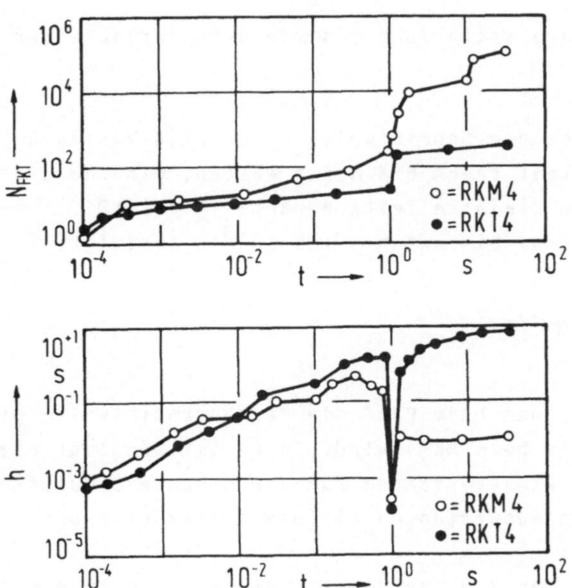

Bild 5.15: Vergleich von RKM4 und RKT4 bezüglich Anzahl der
Funktionsauswertungen und der Rechenschritt-
weite

DGL-System   :   Van der Pol
Schrittweiten-
steuerung   :   stetig, a = 0,8
$F_{REL,i}$ = $E_i/y_{MAX,i}$; $EPS_{REL} = 10^{-4}$

Die Unstetigkeitsstelle integriert das RKM4-Verfahren jedoch
eindeutig mit weit weniger Funktionsauswertungen, so daß zu
diesem Zeitpunkt die Zahl der Funktionsauswertungen für die
Gesamtintegration gleich groß wird.

Entscheidend schneller integriert RKT4 im Bereich t > 1,22 s,
der durch weit auseinanderliegende Werte von T_1 und T_2, sowie
einem stetigen Verlauf der ZV und der Eigenwerte gekennzeichnet ist. Hier kommt der große Stabilitätsbereich des RKT4-
Verfahrens voll zum Tragen, da in der Integrationsformel

quasi eine Vorausschätzung des stetigen Verlaufs der ZV mit eingeht.

Dadurch wächst die Schrittweite h des RKT4-Verfahrens nach der Unstetigkeit rasch bis auf $h > 6s$ an, während sie bei Merson durch die kleinste Zeitkonstante $T_2 = 3,2 \cdot 10^{-4}s$ begrenzt wird und maximal bis auf $h = 1,5 \cdot 10^{-3}$ s ansteigt.

$$h_{MAX} < Z_{RKM4} \cdot T_2 \tag{5.11}$$

Das bedeutet, daß beim RKT4 die Rechenschrittweite bis zu 4000-mal größer als beim RKM4 wird. Insgesamt benötigt die Integration mit dem RKM4-Verfahren für die gesamte Simulation 537-mal mehr Funktionsauswertungen als das RKT4-Verfahren.

Im Gegensatz zum Van der Pol-System haben im Robertson-System alle drei ZV stetige Verläufe. Entscheidend für die Schnelligkeit numerischer Berechnung ist hier allerdings, daß die Eigenwerte in ihrem Wertebereich wieder weit auseinanderliegen.

Wie beim vorher betrachteten System wächst die Rechenschrittweite beim RKT4-Verfahren trotz der kleinen Zeitkonstante $T_2 = 3,2 \cdot 10^{-4}s$ wegen des großen Stabilitätsbereiches bis auf $h = 0,2s$ an, während die des RKM4 nur auf $h = 1 \cdot 10^{-3}s$ ansteigt. Das bedeutet, daß die Rechenschrittweite des RKT4 in diesem Fall 200-mal größer als die des RKM4 ist. Bis zur Simulationszeit $t = 50$ s benötigt das RKM4-Verfahren 98 mal mehr Funktionsauswertungen als das RKT4-Verfahren. <u>Bild 5.16</u> zeigt die Ergebnisse.

5.5 <u>Zusammenfassung der Untersuchungsergebnisse</u>

Die durchgeführten Untersuchungen haben gezeigt, daß aufgrund der besonderen Charakteristika elektrohydraulischer Systeme das RKM4-Verfahren mit einer Fehlernormierung nach Gleichung

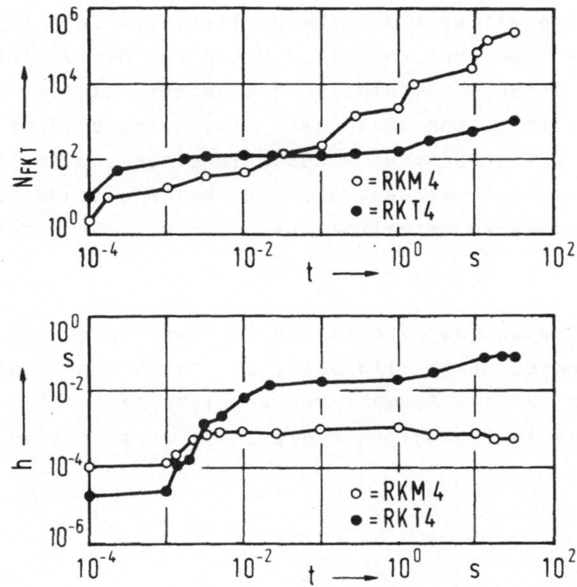

Bild 5.16: Vergleich von RKM4 und RKT4 bezüglich der Anzahl der Funktionsauswertungen und Rechenschrittweite

DGL-System   :   Van der Pol

Schrittweiten-

steuerung   :   stetig, a = 0,8

$F_{REL,i}$ = $E_i / y_{MAX,i}$; $EPS_{REL} = 10^{-4}$

5.9 am universellsten einzusetzen ist. Für stark schwingende Systeme können auch das RKF3- und RKF4-Verfahren gewählt
werden. Die geringsten Rechenzeiten erhält man durch eine
Kombination dieser Verfahren mit einer auf den Maximalwert
bezogenen Fehlernormierung bei einer Fehlerschranke von
$EPS_{REL} = 1 \cdot 10^{-2}$ sowie einer stetigen Schrittweitensteuerung
mit dem Steigungsfaktor a = 0.8.

Für DGL-Systeme mit weit auseinanderliegenden Zeitkonstanten
bei gleichzeitigem kontinuierlichem Verlauf der ZV integriert
das RKT4-Verfahren mit minimaler Rechenzeit. Es ist daher op-
timal einzusetzen, wenn stationäre Einschwingvorgänge zur Ermittlung von Arbeitspunkten - anstelle einer stationären Berechnung - ermittelt werden. Hier ist keine gesonderte Berechnung des stationären Verhaltens nach einer anderen Methode
mehr notwendig.

Die Zusammenfassung der Ergebnisse der Untersuchung der Integrationsverfahren zeigt Bild 5.17. Es stellt gleichzeitig einen Leitfaden für die Auswahl von problemspezifischen Integrationsverfahren in Abhängigkeit des zu untersuchenden DGL-
Systems dar.

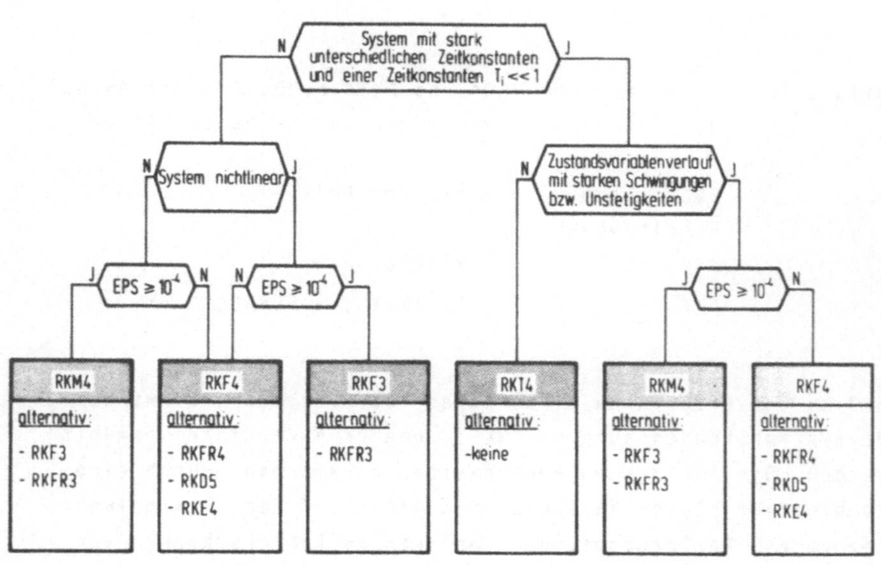

Bild 5.17: Auswahlkriterien für numerische Integrationsverfahren

5.5 Überprüfung der Ergebnisse an realen DGL- Systemen

Bei der Lösung einiger von aus hydraulischen Schaltungen abgeleiteten DGL- Systemen (reale DGL-Systeme) stellte es sich
heraus, daß die automatische Schrittweitensteuerung zu höheren
Rechenzeiten führte als eine Integration mit einer vorgegebenen konstanten Schrittweite.

Eine Analyse ergab, daß sich diese Schaltungen auf die in __Bild
5.18__ dargestellte prinzipielle Struktur in Verbindung mit dem
ebenfalls in diesem Bild enthaltenem Bewegungsablauf zurückführen ließen.

Eine Erklärung für den erhöhten Rechenzeitbedarf ist in
Verbindung mit der in Kap. 5.1 erläuterten arbeitspunktab-
hängigen Berechnung der Zeitkonstanten T1 für den Druckaufbau
leicht möglich. Im Bereich I bei Bewegung des Kolbens 1 und
Stillstand des Kolbens 2 liegen an der Blende 2 vor dem Kolben 2 quasistatische Verhältnisse vor. Das bedeutet, daß bei

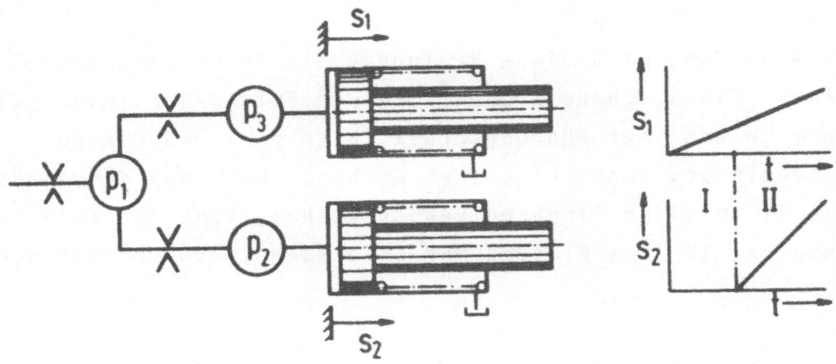

__Bild 5.18:__ Charakteristischer Aufbau von hydraulischen Schaltungen

einem konstantem Wert von p_1 sowohl die Druckdifferenz $(p_1 - p_2)$
als auch die Zeitkonstante T_1 gegen Null strebten.

Nach Gleichung 2.20 wird damit bei einer automatischen Schrittweitensteuerung die Schrittweite h mit h= $T_1 \cdot Z$ verringert.
Dadurch ergeben sich im Bereich I bei stehendem Kolben 2 Quantisierungsschwingungen an der Blende II sowohl für den Druck
als auch den Volumenstrom. Die Druckschwingungen bewegen sich
in einem Bereich mit $(p_1 - p_2) = 10^{-2}$ N/m^2. Diese Amplituden
können aber in ihrer Auswirkung auf die Schaltung vernachlässigt werden.

Mit der in Gleichung 5.12 definierten Bedingung, daß der Druck
vor einem stehendem Kolben ohne Zeitverzögerung dem vorgeschaltetem Druck nachgeführt wird, kann erreicht werden, daß sich
an der Blende vor einem stehendem Kolben keine Quantisierungsschwingungen ergeben. Diese Einschränkung in der Simulation
ist zulässig, da bei kleinen Druckdifferenzen die Druckänderungsgeschwindigkeit gegen unendlich (Gl. 5.3.b) geht und der
Widerstand an der Blende vernachlässigbar klein wird. Diese
Annahme ist unabhängig von der Größe der beteiligten Volumina.

$$p_2 = p_1 \quad \text{wenn} \quad \dot{s}_2 = 0 \tag{5.12}$$

Bei der Anwendung wird diese Bedingung als "Druckankopplung"
bezeichnet. Einzugebende Größen sind der Folgedruck (hier p_1)
vor einem Kolben, der Führungsdruck (hier p_2) und die Geschwindigkeit des angeschlossenen Kolbens. Geht man davon aus,
daß alle ZV in einem linearen Vektor stehen, kann zur Kenn-
zeichnung der ZV ihre Platznummer in diesem Vektor eingegeben
werden.

Da die Kopplungsbedingung nur bei Stillstand und nicht bei
Bewegung des Kolbens gültig ist, wird eine Unterdrückung der
Quantisierungsschwingungen ohne Verfälschung des Simulations-
ergebnisses erzielt.

Nach Realisierung der Druckankopplung für den statischen Fall
vor den einzelnen Kolben führte die numerische Berechnung
mit automatischer Schrittweitensteuerung bei jeder Simulation
zu erheblichen Rechenzeiteinsparungen gegenüber einer Integration mit konstanter Schrittweite.

Bild 5.19 zeigt den Rechenzeitbedarf im Vergleich zwischen
Verfahren mit und ohne automatische Schrittweitensteuerung.
Simuliert wurde das dynamische Verhalten der hydraulischen
Schaltung eines automatischen Getriebes nach Kap. 6.2.1.
Das RKT4-Verfahren wurde in den Vergleich nicht mit einbezo-
gen, da es nur bei Einschwingvorgängen Zeiteinsparungen
ermöglicht.

Um eine maximale und damit rechenzeitgünstige konstante
Schrittweite h für diesen Vergleich zu erhalten, wurden mehrere Simulationsläufe mit jeweils vergrößerter Schrittweite
bis zum Erreichen der numerischen Instabilität durchgeführt.
Die minimale Rechenzeit die bei größtmöglicher Schrittweite h
noch zu einer stabilen Integration führte, wird bei diesem
Vergleich als 100 % angenommen.

Als Ergebnis ist zu sehen,daß für die hier zu betrachtenden
hydraulischen Schaltungen, bei denen nicht alle Kolben gleichzeitig in Bewegung sind, die automatische Schrittweitensteuerung nur bei Beachtung der Druckankopplung zu schnelleren und
damit kostengünstigen Simulationen führt. Wird eine Druckankopplung berücksichtigt,kann allerdings die Rechenzeit bis auf
20 % gegenüber der Rechnung mit konstanter Schrittweite ge-
senkt werden.

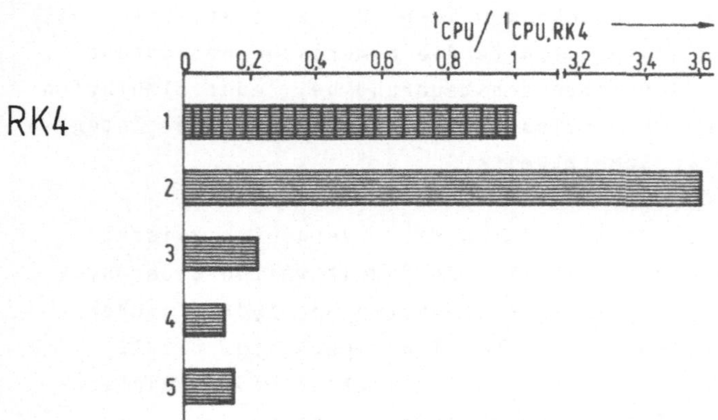

Bild 5.19: Rechenzeitvergleich für numerische Berechnungsverfahren mit und ohne Schrittweitensteuerung

Verfahren ohne Schrittweitensteuerung:

1   RK4

Verfahren mit Schrittweitensteuerung:

Schrittweiten-

steuerung   :   stetig, a = 0,8

$F_{REL,i}$ = $E_i/y_{MAX,i}$; $EPS_{REL}= 1 \cdot 10^{-2}$

2   RKM4   ohne Druckankopplung
3   RKM4   mit Druckankopplung
4   RKF3   mit Druckankopplung
5   RKF4   mit Druckankopplung

Bei Betrachtung wirtschaftlicher Randbedingungen ist damit der
Einsatz von Berechnungsverfahren mit konstanter Schrittweite
zur Simulation des dynamischen Verhaltens elektrohydraulischer
Systeme nicht vertretbar. Für das zu realisierende Simulationssystem werden die Verfahren mit automatischer Schrittweitensteuerung RKM4, RKF3, RKF4 und RKT4 sowie für mögliche Kontrollrechnungen das RK4-Verfahren mit konstanter Schrittweite
zur Verfügung gestellt.

6 Aufbau und Anwendung des realisierten Simulationssystems

6.1 Programmstruktur

Die realisierten Programme werden unter dem Namen REKDYN (RE-
chnerunterstützte Konstruktion - DYNamik) zusammengefaßt.
Im Programmaufbau wird die rechenzeitintensive numerische Berechnung (DYN) von der dialogorientierten Dateneingabe (DATEN)
getrennt. Die Kopplung erfolgt über Datenfiles (TAPE 1,TAPE 2).
Bild 6.1 zeigt die Programmstruktur im Berechnungsteil.

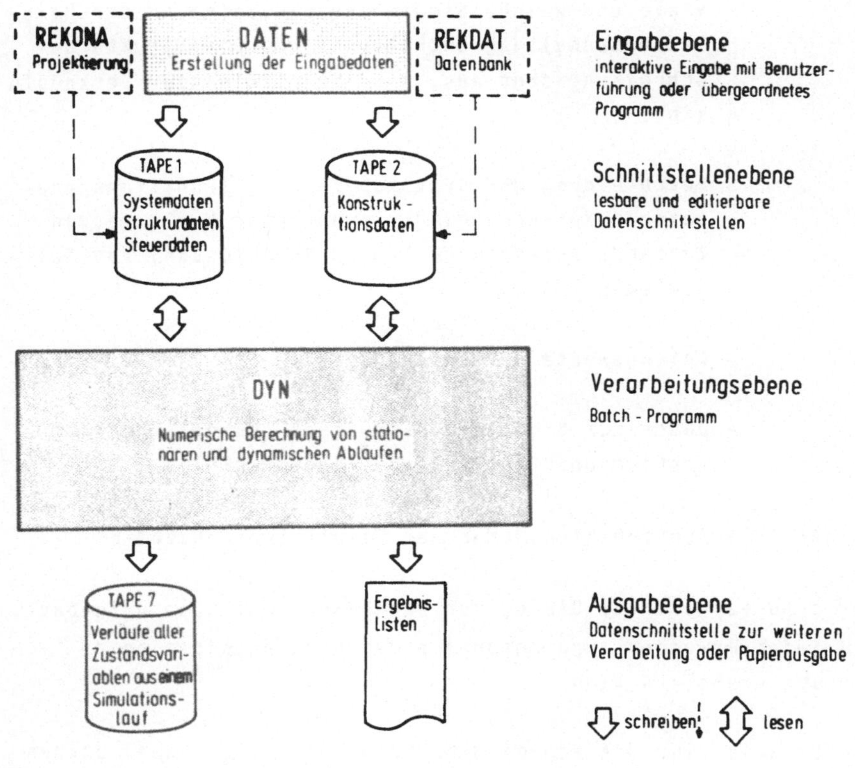

Bild 6.1: Programmablaufplan-Berechnung

Die numerische Integration in DYN erfolgt stapel(batch)orientiert. Nach der Berechnung werden die Werte aller ZV sowie die Textinformationen zu einer automatischen Zeichnungsbeschriftung auf den Ergebnisfile TAPE 7 geschrieben. Mehrere Berechnungsläufe erzeugen mehrere Ergebnisfiles.

Zum Starten des Programms DYN müssen die Files TAPE 1 und TAPE 2 angeschlossen werden. Diese Files enthalten alle für einen Programmlauf notwendigen Daten. Dies sind im Einzelnen:

TAPE 1 - System- und Strukturbeschreibungen des im Simulationsschaltplan dargestellten zu untersuchenden Systems. Dabei zählt zur Systembeschreibung, wie viele und welche Simulationsbausteine in der Simulationsschaltung enthalten sind. Die Strukturbeschreibung sagt aus, wie sie miteinander verknüpft sind.

- Beschreibung der Systemabgrenzung (Funktionsgeneratoren zur Erzeugung eingeprägter Verläufe von Zustandsvariablen an freien Anschlüssen) von Teilsystemen.

- Anfangswerte der Zustandsvariablen.

- Daten zur Simulationssteuerung (numerische Integration und Druckausgabe, Testdrucke).

TAPE 2 - Konstruktionsdaten der Simulationsbausteine.

Der benutzergeführte Dialog zur Dateneingabe ist so aufgebaut, daß jeder Anwender ohne besondere Rechnerkenntnisse seine Eingabe erstellen kann.

Ein Beispiel für die Menüeingabe zeigt Bild 6.2. Dabei stehen in den Kästchen die vom Konstrukteur einzugebenden Daten, wäh-

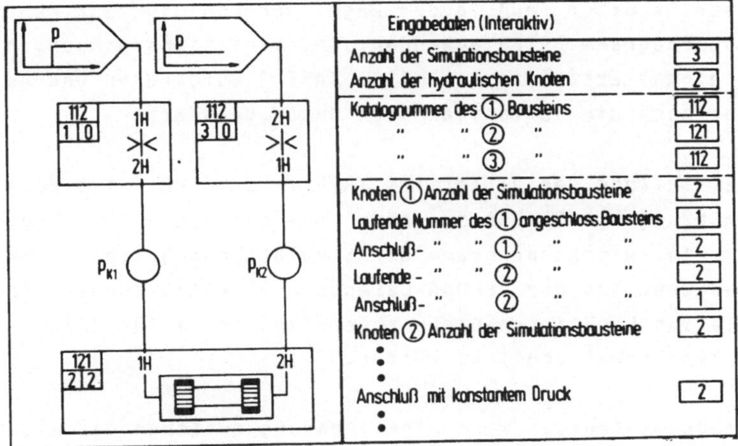

<u>Bild 6.2:</u> Interaktive Generierung der Eingabedaten

rend die Kreise die Daten kennzeichnen, die vom Programm selbständig aufgrund der vorher eingegebenen Daten berechnet, zur
Information ausgegeben und/oder zur Steuerung von Schleifen
verwendet werden. So wird z.B. nach der Eingabe $\boxed{3}$ für die
Anzahl der Simulationsbausteine in der Simulationsschaltung
3mal die Abfrage nach der Katalognummer der Simulationsbausteine ausgeschrieben und den Zählnummern $\mathrm{LFD}_{NR} = 1,...,3$
zugeordnet.

Das Programm DATEN schreibt die formatfrei eingegebenen Daten
fest formatiert auf die Datenfiles TAPE 1 und TAPE 2. Um ein
problemloses Editieren zu ermöglichen, werden die Daten mit
einer Textkennung und einer Bereichseingrenzung versehen.

Hier werden nicht alle Funktionen moderner Bildschirme aus-
geschöpft. Aus Gründen der Rechnerportabilität werden nur Stan-
dardfunktionen benutzt. Die Daten in einer Zeile werden darum
jeweils über xxx voneinander getrennt und das Muster der
Trennung in einer Zwischenzeile wiederholt. So kann leicht erkannt werden, ob sich beim Ändern der Daten das Format ver-
schoben hat. <u>Bild 6.3</u> zeigt den prinzipiellen Aufbau und ein
Beispiel.

Durch diese Struktur muß in der Regel der Konstrukteur nur einmal das Programm DATEN anwenden. Bei Variationsrechnungen wird der einmal erstellte Datenfile TAPE 2 aufgerufen und es werden nur noch die zu variierenden Daten geändert.

Bei der Erstellung der Datenfiles TAPE 1 und TAPE 2 ist auch die Verknüpfung mit REKONA zu sehen. Aus der REKONA-Struktur kann über ein Zwischenprogramm der Simulationsschaltplan generiert werden. Aus der REKONA-Datenbank (REKDAT) können die zur Simulation benötigten Daten abgerufen und im für TAPE 1 festgelegten Format abgelegt werden.

In der Programmstruktur wird eine Trennung zwischen der eigentlichen Simulation und den Programmen zur grafischen Auswertung vorgenommen. Dabei wird von dem Gedanken ausgegangen, zunächst die Ergebnisse aller Berechnungsläufe zu speichern und dann in einer nachgeschalteten Bearbeitung zu entscheiden, welche Zustandsvariablenverläufe (aus einer oder auch aus mehreren Berechnungsläufen) in einem gemeinsamen Bild geplottet werden sollen.

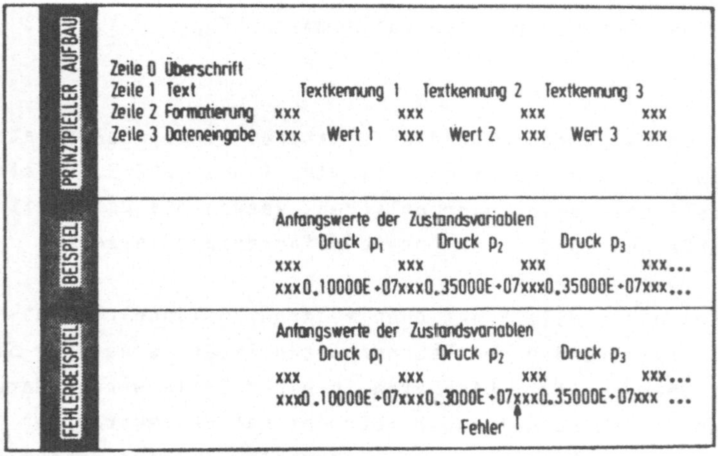

Bild 6.3: Prinzipieller Aufbau der Datenfiles

Die Auswahl der zu plottenden ZV kann aus einem oder aus mehreren unterschiedlichen Berechnungsläufen erfolgen. Dies ist
besonders wichtig, wenn die Auswirkung von Parametervariatio-
nen grafisch dargestellt werden soll. Die Steuerinformationen
zur grafischen Ausgabe werden les- und editierbar abgelegt
(TAPE 8) und vom Programm PLOT gelesen und verarbeitet.

In ihrer generellen Struktur ist die grafische Ausgabe wie
die Berechnung aufgebaut (Bild 6.4). Ober ein interaktives
Programm (DATEN P) wird der Benutzer gefragt, welche Verläufe von ZV in einem Bild geplottet werden sollen. Bildformat
und Skalierung werden vom Programm berechnet oder können auch
vom Anwender vorgegeben werden.

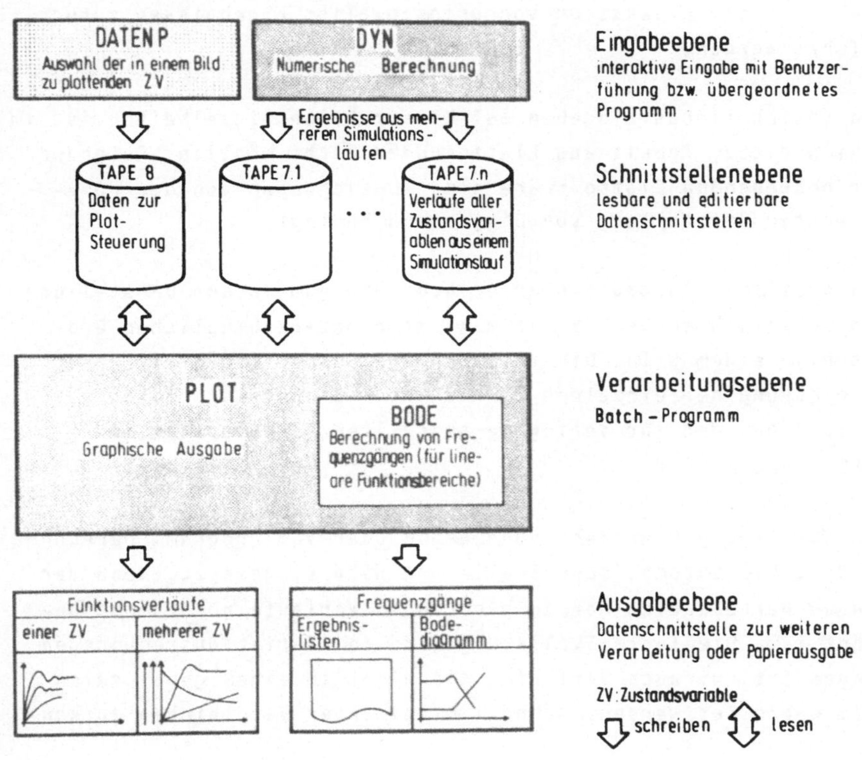

Bild 6.4: Programmstruktur - grafische Auswertung

6.2 Beispiele zur Programmanwendung

Anhand der nachfolgenden Beispiele sollen kurz die verschiedenen Zielsetzungen in der Anwendung von REKDYN erläutert werden. Sie ergeben sich aus den unterschiedlichen Zusammenfassungen von Simulationsergebnissen aus einem oder mehreren Simulationsläufen.

Da die Vorbereitung und die Durchführung einer Simulation immer gleich sind, brauchen sie nur einmal beispielhaft dargestellt zu werden. Die Beschreibung von durchgeführten Simulationen kann dann unter der Vernachlässigung von Zwischenschritten auf eine kurze Darstellung der zu untersuchenden Schaltung sowie auf die Diskussion von prinzipiellen Ergebnissen zurückgeführt werden.

Ein ausführliches Eingehen auf Konstruktionseinzelheiten ist im Rahmen dieser Arbeit aus Platzgründen nicht möglich. Aufgrund der bestehenden Plotsoftware sind Abweichungen von der normgerechten Darstellung von Diagrammen bedingt.

Das grafische Ausgabesystem erlaubt die gemeinsame Darstellung von 10 verschiedenen ZV mit maximal 5 unterschiedlichen Ordinaten in einem Bild. Die vollständige Beschriftung mit der Bezeichnung der einzelnen ZV und ihrer Einheiten erfolgt automatisch aus den zur Verfügung gestellten Eingabedaten in TAPE 1 und TAPE 2.

Die Skalierung kann fest vorgegeben oder vom Programm berechnet werden. Die automatische Skalierung wird eingesetzt, wenn der genaue Wertebereich der zu plottenden Verläufe noch nicht bekannt ist. Die feste Skalierung wird bei Variationsrechnungen eingesetzt, um auch Verläufe, die nicht in einem gemeinsamen Bild geplottet werden, schnell miteinander vergleichen zu können.

6.2.1 Einfluß von Rückwirkungen in komplexen Systemen

Bild 6.5 zeigt den Schnitt durch ein automatisches Getriebe
/64/. Entscheidend für die Schaltqualität beim Gangwechsel
ist der Verlauf des Druckes vor der Kupplung.

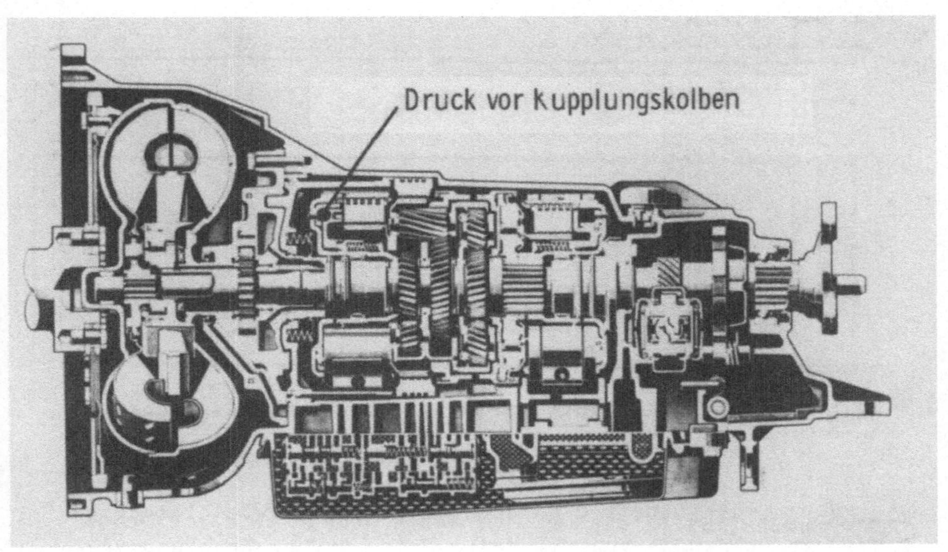

Bild 6.5:　Schnitt durch ein automatisches Getriebe
(Werkbild Daimler-Benz AG)

Die hydraulische Schaltung wird in eine Vor- und eine Simulationsschaltung unterteilt (Bild 6.6). Bei der Simulationsdurchführung wird die Vorschaltung vernachlässigt und in ihrem Verhalten an der Systemgrenze konzentriert durch die Funktionsgeber ersetzt. Die Funktionsgeber stellen die Systemeingänge
für eingeprägte Größen der zu untersuchenden Simulationsschaltung dar. Die in ihr enthaltenen Bauelemente werden durch Simulationsbausteine beschrieben (Beispiele s. Kap 4).

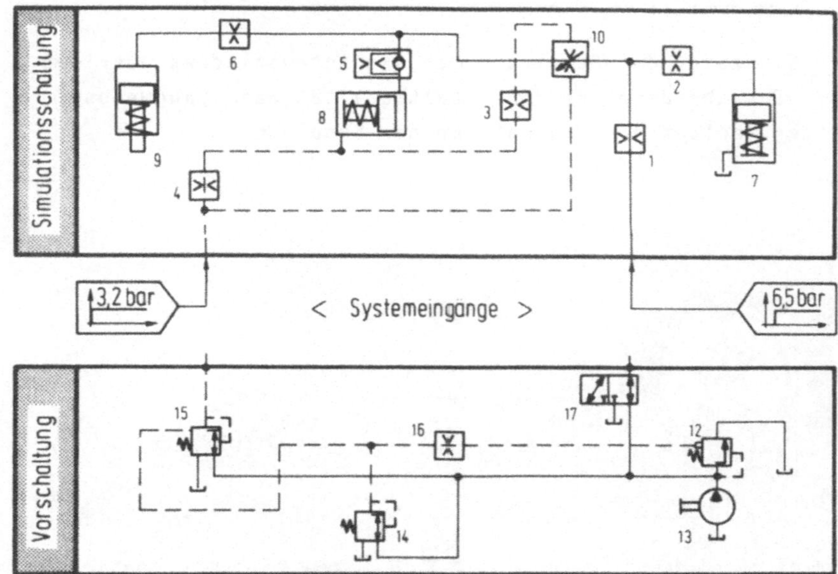

Bild 6.6: Teilschaltung in einem automatischen Getriebe

Die Pumpe (13) fördert eine drehzahlproportionale Ölmenge ,
wobei die Druckhöhe von dem gesteuerten Druckbegrenzungsven-
til (12) bestimmt ist. Das Druckregelventil (10) regelt den
Druck proportional zu einer Eingangsgröße (z.B. Motormoment).
Schwingungen des Ventils (12) werden mittels der Blende (16)
gedämpft. Über ein nicht näher definiertes 3/2-Wegeventil
wird Öldruck auf ein Stellelement (9) geschaltet, dessen
Kraft ein Reibmoment im zu schaltenden Schaltglied hervorruft.

Der Druckverlauf vor der Kupplung (9) wird für eine bestimmte
Zeit vom Speicher (8) vorgegeben. Die Blende (4) bestimmt mittels des Mengenreglers (10) die Laufgeschwindigkeit eines Kolbens im Speicher (8). Die Druckhöhe am Speicher (8) wird
durch das Druckregelventil (15) vorgegeben, das wiederum vom
Regelventil (14) gesteuert wird. Bei Erreichen einer gewissen
Druckhöhe hinter der Blende (1) schaltet ein Kolben (7).

Die Simulationsschaltung wurde mit Ausnahme der Blenden und
des Drosselrückschlagventils über Universalbausteine beschrieben. Die Federkennlinie der Kupplung wurde entsprechend
__Bild 4.10__ stationär ausgemessen. Die nichtlineare Kennlinie
des Durchflußkoeffizienten α des Mengenreglers wurde ebenfalls meßtechnisch ermittelt. Alle anderen Abmessungen wurden der Konstruktionsbeschreibung entnommen.

__Bild 6.7__ zeigt den Vergleich zwischen gemessenem und simuliertem Druckverlauf, der eine sehr gute qualitative und quantitative Übereinstimmung zeigt. Geringe Abweichungen können sowohl
auf noch nicht exakt bestimmte Durchflußzahlen (z.B. Mengenreg-
ler) als auch auf die Vernachlässigung der Reibung an den
Stellelementen zurückgeführt werden.

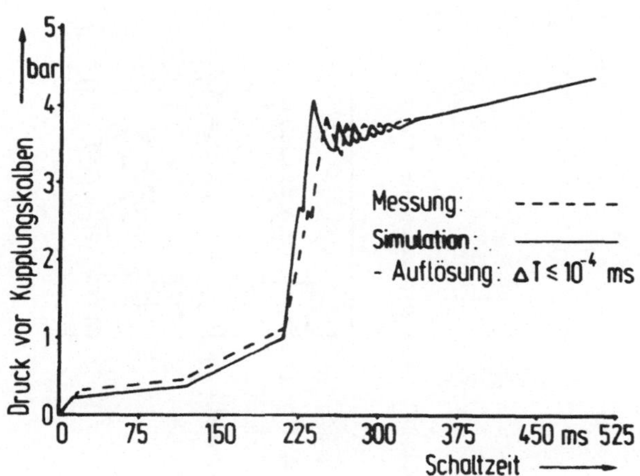

__Bild 6.7:__ Vergleich zwischen gemessenem und simuliertem
Druckverlauf

Nachdem gezeigt worden ist, daß die Simulation qualitativ und
quantitativ mit der Messung übereinstimmt, können die zusätzlich bei der Simulation anfallenden Daten genutzt werden, um
komplexe Zusammenhänge zu verdeutlichen. Z.B. kann der Druck-

einbruch bei 225 ms durch die weiteren zur Verfügung stehenden Verläufe von ZV sehr leicht auf die Schaltung des Kolbens
(7) zurückgeführt werden (Bild 6.8).

Es ist sehr deutlich zu erkennen, daß die impulsartige Bewegung des Kolbens (7) einen Druckeinbruch im vorgelagerten
Knoten nach sich zieht, der sich durch das gesamte System
fortpflanzt und schließlich eine Geschwindigkeitsänderung
des Kupplungskolbens (9) bedingt.

An diesem Beispiel ist sehr deutlich erkennbar, wie aufgrund
des ungerichteten Modellansatzes zur Kopplung von Bausteinen
Rückwirkungen in komplexen Systemen direkt im mathematischen
Modell enthalten sind und ohne zusätzlichen Aufwand erfaßt
und beurteilt werden können.

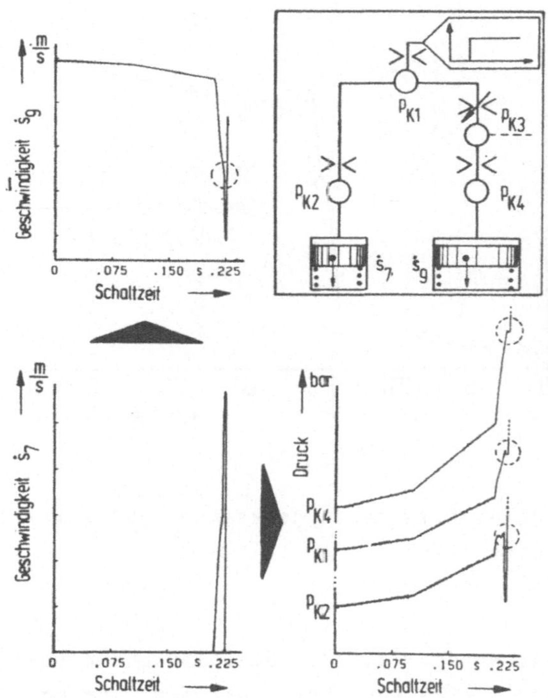

Bild 6.8: Rückwirkungen in komplexen Systemen

6.2.2 Dynamisches Verhalten eines Servoventils

Wie in Kap. 4.2 erläutert wurde, kann vor einer Simulation des Servoventils der elektrohydraulische Wandler allein untersucht werden, da zusätzliche Messungen vorliegen. Nach Kap.4.2.3 müssen vorher die Werte für die analytisch nicht ermittelbaren Parameter C_M und σ noch über einen Vergleich von einer gemessenen mit einer berechneten statischen Kennlinie des Wandlers bestimmt werden.

Bild 6.9 zeigt den berechneten Differenzdruck Δp an den Wanderausgängen in Abhängigkeit vom Eingangsstrom I und verschiedenen Werten der Parameter C_M und σ im Vergleich mit zwei gemessenen Kennlinien. Die gemessenen statischen Kennlinien verschiedener Exemplare des Wandlers aus einer Serie zeigen eine große Streuung. Durch Vergleichen der gerechneten und der gemessenen Kennlinien ist es möglich, C_M und σ so zu bestimmen, daß die statische Kennlinie eines Wandlers gut approximiert wird. Im Betrieb wird der Eingangsstrom auf 18 mA begrenzt.

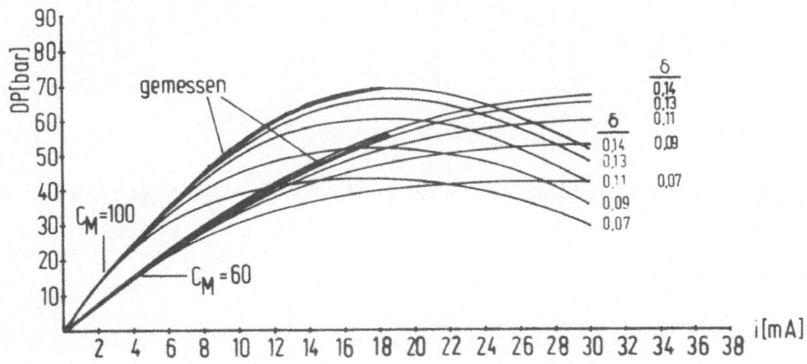

Bild 6.9: Statische Kennlinien für den Wandler (gerechnet) mit den Parametern C_M und σ

An der numerisch berechneten Sprungantwort kann nach /64/ im
linearen Absatzbereich der Frequenzgang ermittelt werden.
Bild 6.10 zeigt den so berechneten Frequenzgang als Bodedia-
gramm im Vergleich mit gemessenen Frequenzgängen von Wandlern.
Die Unterschiede sind durch Fertigungsstreuungen bedingt. In
Anbetracht der Annahmen und Vereinfachungen bei der Beschrei-
bung dieses Wandlers ergibt sich eine gute Übereinstimmung der
Meß- und Berechnungsergebnisse.

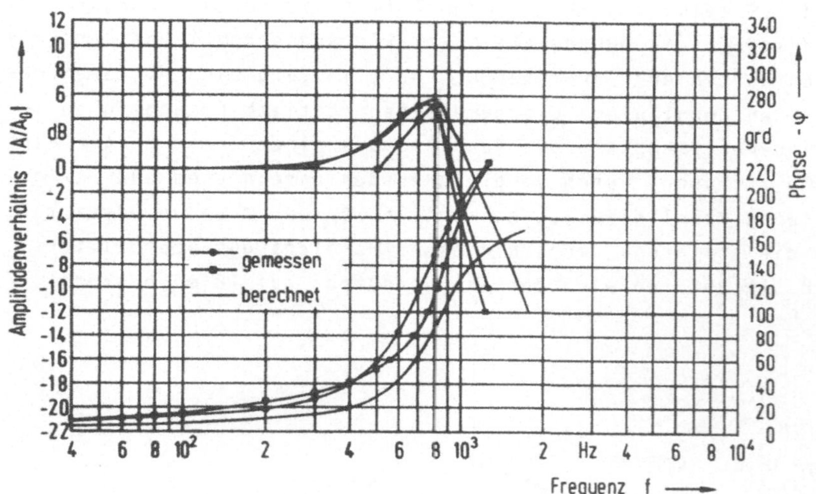

Bild 6.10:   Frequenzgang des elektrohydraulischen Wandlers

Den Vergleich von Messung und Simulation des gesamten Servoventils zeigt Bild 6.11. Auch hier zeigt sich eine sehr gute
Übereinstimmung.

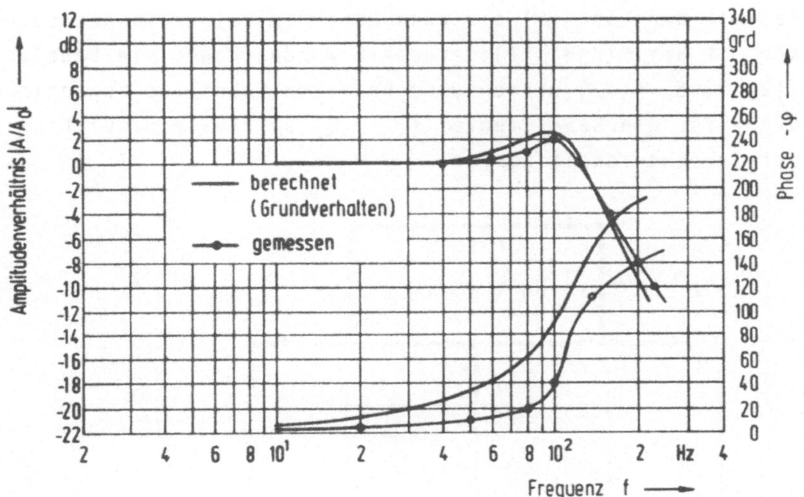

Bild 6.11: Frequenzgang des Servoventils

6.2.3 Simulation eines hydraulischen Antriebs mit digitaler Regelung

Bild 6.12 zeigt einen Ruderantrieb in Flugzeugen, bei dem der Lageregelkreis für den Weg s der Leistungsstufe über einen Mikrorechner geschlossen wird. Die Regelstrecke des Lageregelkreises besteht aus einem elektrohydraulischen Stellantrieb, dessen Vorsteuerstufe über schnellschaltende, digitale Magnetventile angesteuert wird. Das Ausgangssignal des Mikrorechners wird dazu durch einen Pulsbreitenmodulator in die Schaltsignale der Magnetventile umgesetzt, die am Vorsteuerkolben eine Druckdifferenz erzeugen.

Der Vorsteuerkolben (5) ist mechanisch über einen Übersetzungshebel (4) mit einer Vollbrücke (6) gekoppelt, die den Leistungszylinder ansteuert.Dieser Leistungszylinder (8) stellt im

Prinzip einen 2-Massenschwinger dar, der sowohl über das Gehäuse mit der Last (9) als auch über die Kolbenstange mechanisch mit dem Flügel (7) gekoppelt werden kann. Die Bauelemente (2, 3, 5, 6, 9) werden über Universalbausteine beschrieben, während für die Bauelemente (1, 4, 8) spezielle Simulationsbausteine entwickelt werden.

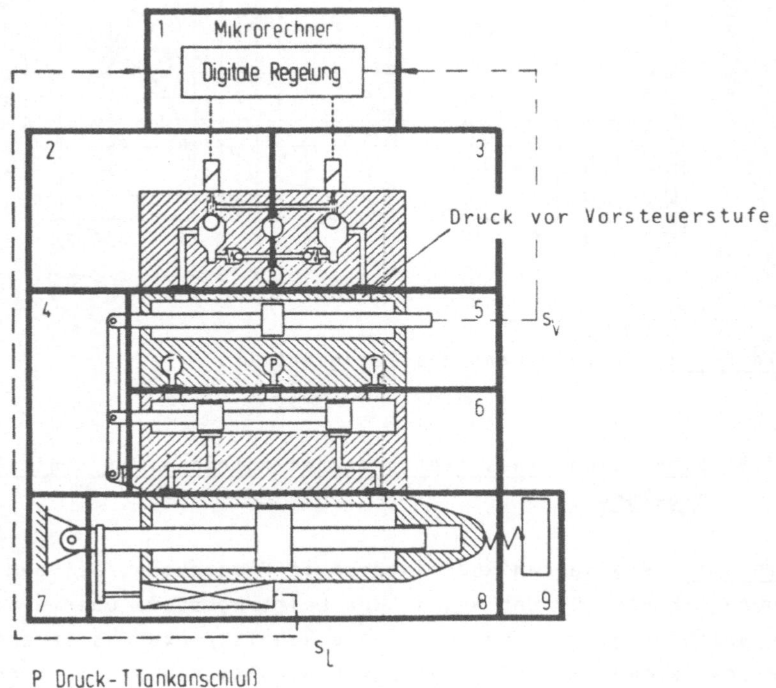

Bild 6.12: Aufbau und Strukturierung eines Flugregelantriebs

Für die Modellbildung werden die Zustandsregelung und die Pulsbreitenmodulation in einem gemeinsamen Simulationsbaustein (1) zusammengefaßt. Jedes Magnetventil (2,3) wird über eine folgegesteuerte Halbbrücke mit jeweils vorgeschaltetem Verzögerungsglied 1.Ordnung beschrieben. Die Zeitkonstanten wurden meßtechnisch erfaßt.

Dem Lageregelkreis untergelagert ist ein Regelkreis, der die Position der Vorsteuerstufe ausregelt. Die Rückführung dieser Regelgröße erfordert ein zusätzliches Meßsystem und erhöht damit die Zahl der potentiellen Fehlerquellen der Stelleinrichtung. Es wird daher angestrebt, mit Hilfe der Simulation zu überprüfen, ob ein Verzicht auf den untergelagerten Regelkreis möglich ist.

Das gewählte Regelverfahren geht von einer Festlegung der Pole (und damit des Zeitverhaltens zu den Abtastzeitpunkten) des Regelsystems durch Rückführung der Zustandsgrößen aus /63/. Bild 6.13 zeigt als Ergebnis der Simulationsrechnungen die Sprungantwort der Leistungsstufe. Wie in Kap. 6.2.2 beschrieben wurde, kann daraus im linearen Bereich der Frequenzgang berechnet werden. Die Darstellung im Bodediagramm zeigt, daß die Forderung nach einer Bandbreite mit f > 5 Hz für einnen Abfall von 3 db mit dem eingesetzten Regelverfahren theoretisch erfüllt werden kann (Bild 6.14).

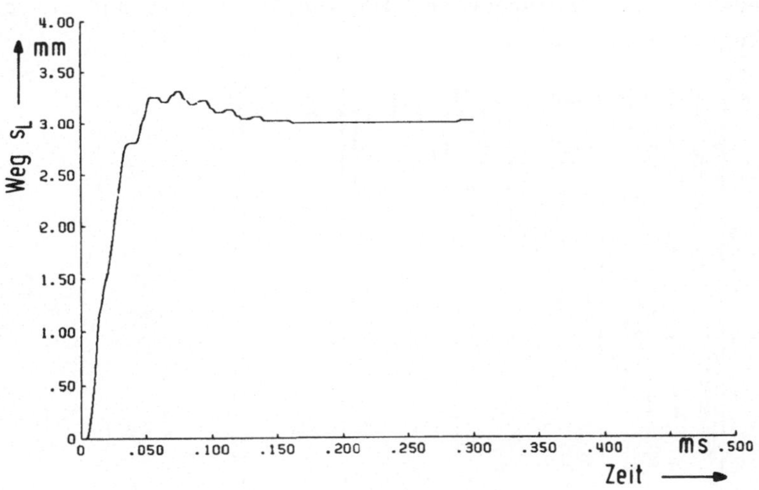

Bild 6.13: Weg der Leistungsstufe s_L für einen Eingangssprung

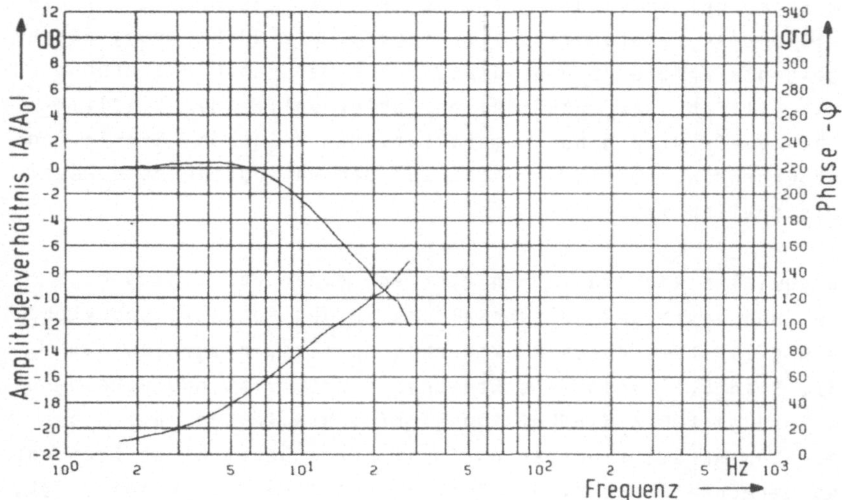

Bild 6.14: Frequenzgang der Leistungsstufe (Weg s_L)

Die **Bilder 6.15 und 6.16** zeigen Auswirkungen der digitalen
Ansteuerung auf den Druck vor der Vorsteuerstufe und auf den
der Vorsteuerstufe.

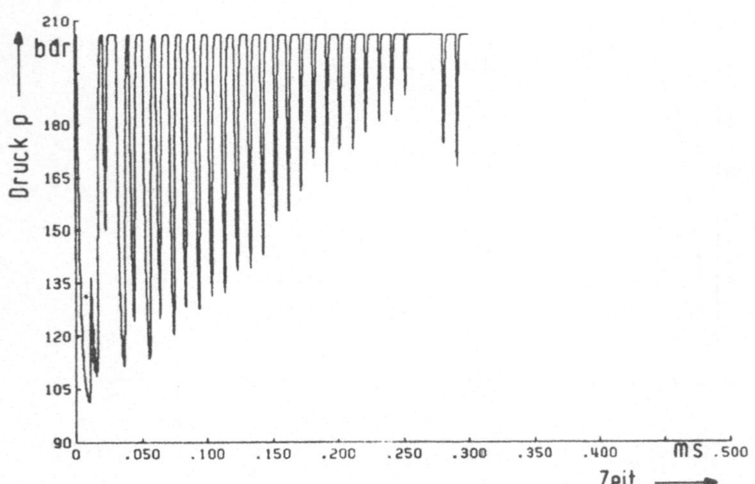

Bild 6.15: Druck vor der Vorsteuerstufe

7 Zusammenfassung

Moderne Antriebslösungen verbinden die Vorteile der Hydraulik mit denen der Elektronik und der Regelungstechnik. Die optimale Auslegung und eine größere Verbreitung solcher Konstruktionen wird jedoch erst dann gesichert sein, wenn Hilfsmittel zur Verfügung stehen, mit denen das dynamische Verhalten elektrohydraulischer Antriebe bereits während der Projektierung einfacher und genauer als bisher bestimmt werden kann.

Ausgehend von einer Analyse aller bei einer Simulationsdurchführung auszuführenden Schritte wird ein problembezogenes Simulationssystem konzipiert und realisiert, das speziell auf die Anforderungen zur Simulation des dynamischen Verhaltens elektrohydraulischer Systeme abgestimmt ist. Es kann jedoch auch generell zur Berechnung allgemeiner kontinuierlicher Systeme eingesetzt werden.

Durch einen geräteorientierten Ansatz und die Ableitung von standardisierten Kopplungsbedingungen zwischen Simulationsbausteinen wird die Simulation in der Anwendung auf die Erstellung einer Strukturbeschreibung für eine hydraulische Schaltung zurückgeführt. Sie wird dadurch einem weit größeren Anwenderkreis als bisher zugänglich.

Ein Schwerpunkt der Arbeit liegt in der Standardisierung der Modellableitung für blendengesteuerte Bauelemente. Es wurde zeigt, daß durch die Realisierung von variablen Brückenschaltungen in Verbindung mit einer Unterprogrammbibliothek für Steuerblendenflächen vier Universalbausteine aufbaubar sind, aus denen über einfache Änderung von Konstruktionsdaten die mathematischen Modelle unterschiedlichster Bauelemente generierbar sind. Dies führt zu einer erheblich höheren Flexibilität in der Simulationsanwendung als es bisher möglich war.

Voraussetzung für einen wirtschaftlichen Einsatz von Simulationssystemen ist neben der leichten Anwendbarkeit die für eine Simulation benötigte Rechenzeit. Sie kann speziell bei der Berechnung des dynamischen Verhaltens elektrohydraulischer Systeme aufgrund der kleinen und zudem stark schwankenden Zeitkonstanten zu einem großen Kostenfaktor werden.

Es wurde gezeigt, daß Verfahren wie das Standard Runge-Kutta mit konstanter Schrittweite zur Lösung des Problems ungeeignet sind. Hier führt der Einsatz von numerischen Berechnungsverfahren höherer Ordnung und automatischer Schrittweitensteuerung zu erheblichen Rechenzeiteinsparungen. Dies bedingt jedoch einen höheren Aufwand in der Progammierung, da viele Routinen,z.B. Totzeiten mit einer konstanten Schrittweite, leichter zu realisieren sind.

Die statischen Betriebspunkte in einer komplexen Schaltung können über einen Einschwingvorgang berechnet werden. Dadurch werden sowohl für das dynamische als auch das statische Verhalten dieselben mathematischen Modelle verwendet. Voraussetzung für eine rechenzeitgünstige Lösung ist allerdings der Einsatz eines neuartigen Berechnungsverfahrens mit besonders großem Stabilitätsbereich.

Bei der Oberprüfung der Simulation am realen System wurde gezeigt, daß auch über die standardisierten Modelle der Universalbausteine eine sehr gute qualitative und quantitative Obereinstimmung mit dem gemessenen Systemverhalten erzielt wird.

Gegenüber der Messung des Verhaltens einer einzigen physikalischen Größe bietet die Simulation jedoch einen weit größeren Informationsinhalt und damit eine größere Aussagefähigkeit, beinhaltet jedoch damit auch die Gefahr einer Oberinformation. Zur Konzentration und übersichtlichen Darstellung wurde ein graphisches Informationssystem aufgebaut, das es ermöglicht, Verläufe von Zustandsvariablen aus einem oder mehreren Berechnungsläufen in beliebiger Zusammenstellung gemeinsam zu plotten und automatisch zu beschriften.

- 127 -

Schrifttum

/1/ Stute, G.
u.a.
Regelung an Werkzeugmaschinen.
München, Wien: Carl Hanser Verlag,
1981.

/2/ Rusterholtz, R.
Verbesserung von Dämpfung und Steifig-
keit hydraulischer Servoantriebe mit-
tels elektronischer Rückführungen.
o + p "ölhydraulik und pneumatik"
24(1980)H.2, S.94...101.

/3/ Schulte, A.
Zustandsregelung hydraulischer Schlit-
tenantriebe für Werkzeugmaschinen und
automatische Regleranpassung mit Hilfe
adaptiver Systeme.
o + p "ölhydraulik und pneumatik"
26(1982)H.7, S.522...526.

/4/ Stute, G.
Hesselbach, J.
Runge, W.
Elektronische Steuerungstechnik hydrau-
lischer Systeme - Stand und zukünftige
Entwicklungen.
4. Aachener Fluidtechnisches Kolloquium,
Aachen: Verein zur Förderung der For-
schung und Anwendung der Hydraulik und
Pneumatik, 1980.

/5/ Dahm, B.
Dynamik des Servoventils- Ein mathe-
matisches Modell zur Bestimmung des
regelungstechnischen Verhaltens.
o + p "ölhydraulik und pneumatik"
22(1978)H.7, S.347...249.

/6/ Hahmann,W.
Hoffmann,W.
Berechnung des dynamischen Verhaltens
einer Pressensteuerung in 2-Wege-Ein-
bautechnik.
o + p "ölhydraulik und pneumatik"
24(1980)H.10, S.746...753.

/7/ Stute, G.
Debus, A.
Schurr, R.
Rechnerunterstützte Konstruktion hydro-
statischer Anlagen.
Karlsruhe: Kernforschungszentrum Karls-
ruhe GmbH, CAD-Bericht KFK-CAD 20,
März 1977.

/8/ Debus, A.
Schurr. R.
Rechnerunterstützte Konstruktion hydro-
statischer Antriebssysteme.
o + p "ölhydraulik und pneumatik"
18(1974)H.6, S.489...492.

/9/ Backé, W.
Hoffmann, W.
Digitale Simulation hydraulischer
Schaltungen.
Karlsruhe: Kernforschungszentrum Karls-
ruhe GmbH, 1980.

/10/ Macfarlane, A.G.J. Analyse technischer Systeme.
                        Mannheim: Hochschultaschenbücher-Ver-
                        lag, 1967.

/11/ Blackburn, J.F.   Fluid Power Control.
     Reethof, G.   Band 1,2,3
     Shearer, J.L.   Wiesbaden: Krausskopf-Verlag, 1962.

/12/ Schöne, A.   Simulation technischer Systeme.
                         München, Wien: Carl Hanser Verlag,
                         1974.

/13/ Kämmel, F.   Elektrische Antriebstechnik.
                         Berlin, Heidelberg, New York: Springer
                         Verlag, 1971.

/14/ Fröhr, F.   Technische Regelstreckenglieder bei
     Orttenburger, F.   Gleichstromantrieben.
                         Berlin, München: Siemens AG, 1971.

/15/ Wunsch, G.   Systemanalyse.
                         Heidelberg: Häthig Verlag, 1969.

/16/ Holt, M.   Numerical Methods in Fluid Dynamics.
                         Berlin, Heidelberg, New York: Springer
                         Verlag, 1977.

/17/ Baker, A.J.   Research on Numerical Algorithmns
                         for the Three-Dimensional Navier-
                         Stokes Equations.
                         United States Air Force, Technical
                         Report. AFWAL-TR-80-3157, 1981.

/18/ Gösele, R.   Mechanismus der Geräuschentwicklung
                         in hydrostatoischen Systemen durch
                         Förderstromschwankungen.
                         o + p "ölhydraulik und pneumatik
                         22(1978)H.8, S.441...443.

/19/ Schnedler, W.   Beitrag zur Untersuchung von Druck-
                         schwingungen in Hydraulikleitiungen.
                         Karlsruhe: Dr.-Ing. Dissertation,1973.

/20/ Guillon, M.   Hydraulische Regelkreise und Servo-
                         steuerungen.
                         München: Carl Hanser Verlag, 1968.

/21/ Backé, W.   Grundlagen der Ölhydraulik.
                         Umdruck zur Vorlesung.
                         TH Aachen, 1979.

/22/ Weule, H.   Theoretische und experimentelle Unter-
                         suchung digitaler hydraulischer Posi-
                         tionierantriebe.
                         Braunschweig: Dr.-Ing.-Diss., 1972.

/23/ Bauer, G.   Ölhydraulik.
                           Stuttgart: B.G.Teubner, 1974.

/24/ Runge, W.   Simulation des dynamischen Verhaltens
                           hydraulischer Systeme.
                           Essen: Girardet Verlag. HGF- Kurzbe-
                           richte (Lose-Blatt-Sammlung)
                           Blatt 78/18, 1978.

/25/ Alpay, S.A.   Digital Simulation of a Hydraulic
     Mitchell,T.   Control System.
                           Hydraulics and Pneumatics, (1971)
                           S.81...83.

/26/ Flicker, E.   Dynamic Simulation of Electrohydrau-
     Zagotta, J.L.   lic Control Systems.
                           Hinsdale: International Harvester
                           Company, IL 60521, S.159...163.

/27/ Hoffmann,W.   Berechnung des dynamischen Verhaltens
     Hahmann, W.   einer Pressensteuerung in 2-Wege-Ein-
                           bautechnik.
                           o + p "ölhydraulik und pneumatik"
                           24(1980)H.10, S.746...753.

/28/ Runge, W.   Computer-Aided Design of Hydraulic
                           Systems by REKONA.
                           Haifa: Technion, 10th CIRP Interna-
                           tional Seminar on Manufacturing Systems.
                           1978.

/29/ Rosenfeldt, H.   Numerische Berechnung der Übergangs-
     Weule, H.   funktionen hydraulischer Antriebe.
                           o + p "ölhydraulik und pneumatik"
                           (1973) H.6, S.195...201.

/30/ Backé, W.   Systematik der hydraulischen Wider-
                           standsschaltungen in Ventilen und Re-
                           gelkreisen.
                           Mainz: Krausskopf-Verlag, 1974.

/31/ Jentsch, W.   Digitale Simulation kontinuierlicher
                           Systeme.
                           München, Wien: R. Oldenbourg Verlag,
                           1979.

/32/ Storr, A.   Beitrag zur Klärung des dynamischen
                           Verhaltens vorgesteuerter, ölhydrauli-
                           scher Druckregelventile.
                           Stuttgart: Dr.-Ing.-Diss., 1967.

/33/ Jackson, K.R.   Comparing Runge-Kutta Formulas.
     Enright, W.H.   Journal of Numerical Analysis (1978),
     Hull, T.E.   S.619...628.

/34/ Davis, H.T.   Introduction to Nonlinear Differential
                               and Integral Equations.
                               New York: Dover Publications, Inc.,
                               1962.

/35/ Rechenberg, P.   Die Simulation kontinuierlicher Prozes-
                               se mit Digitalrechnern.
                               Braunschweig: Friedrich Vieweg u. Sohn,
                               1972.

/36/ Böhm, W.   Einführung in die Methoden der Numeri-
     Gose, G.   schen Mathematik.
                               Braunschweig: Friedrich Vieweg u. Sohn,
                               1972.

/37/ England, R.   Error estimates for Runge-Kutta type
                               solution to systems of ordinary diffe-
                               rential equations.
                               Computation Journal (1969) H.12,
                               S.166...170.

/38/ Dormand, J.R.   A family of embedded Runge-Kutta
     Prince, P.J.   formulas.
                               Journal of Computational and Applied
                               Mathematics 6(1980) H.1, S.19...26.

/39/ Scraton, R.E.   Estimation of the Truncation Error in
                               Runge-Kutta and Allied Processes.
                               The Computer Journal (1964),
                               S.246...250.

/40/ Verner, J.H.   Explicit Runge-Kutta Methods with Esti-
                               mates of the Local Truncation Error.
                               Journal of Numerical Analyses 15,
                               S.772...790.

/41/ Fehlberg, E.   Klassische Runge-Kutta Formeln fünfter
                               und siebter Ordnung mit Schrittweiten-
                               kontrolle.
                               Computing (1969) H.4, S.93...106.

/42/ Fehlberg, E.   Klassische Runge-Kutta Formeln vierter
                               und niedriger Ordnung mit Schrittwei-
                               tenkontrolle und ihre Anwendung auf
                               Wärmeleitungsprobleme.
                               Computing (1970) H.6, S.61...71.

/43/   MIMIC Digital Simulation Language.
                               Reference Manual.
                               Sunnyvale: Control Data Corporation,
                               1972.

/44/   CSMP-Continuous System Modeling Prog-
                             ram.
                             User`s Manual
                             New York: IBM Corporation, Technical
                             Publications Department, GH20-0367-4,
                             1972.

/45/   DARE-P.
                             Handbuch, Rechenzentrum der Universi-
                             tät Stuttgart, 1977.

/46/ Smith, Ch.K.   Digital Computer Simulation of Complex
                             Hydraulic Systems Using Multiport Com-
                             ponent Models.
                             Diss. Tennessee Technological University
                             Cookeville, Tennessee, 1969.

/47/ Thoma, J.U.   Grundlagen und Anwendungen der Bonddia-
                             gramme.
                             Essen: Verlag W. Girardet, 1974.

/48/ DIN 19226   Regelungstechnik und Steuerungstechnik.
                             Ausgabe Mai 1968.

/49/ DIN 19229   Übertragungsverhalten dynamischer Sy-
                             steme.
                             Ausgabe Oktober 1975.

/50/ Scheffel, G.   Dynamisches Verhalten eines direktge-
                             steuerten Kegelsitzventils unter dem
                             Einfluß des Schließelementes.
                             o + p "ölhydraulik und pneumatik"
                             22(1978)H.5, S.280...282.

/51 Göllner, E.   Verhalten elektrohydraulischer Ge-
                             schwindigkeitsregelungen.
                             o + p "ölhydraulik und pneumatik"
                             23(1979)H.9, S.657...660.

/52/ Leutner,v.   Ein neues Servoventil.
     Romes,R,   o + p "ölhydraulik und pneumatik"
                             17(1973)H.4, S.122...125.

/53/ Perperone,S.J.   Fluid Amplification Gain Analysis
     Katz, S.   of the Proportional Fluid Amplifier.
     Goto, J.M.   H.D.L. (1)Heft 1,S.319...323.

/54/ Powell, E.A.   An Investigation into the Design
     Bidgood, R.E.   of a Beam Defloation Type of a
                             Proportional Amplifier.
                             Third Cranfield Fluidics Conference,
                             Cranfield (1968), Paper G4.

/55/ Robertson, H.H.   Numerical Analysis - Introduction
                         Washington: Thompson Book, 1967.

/56/ Shampine, L.F.   Comparing Error Estimates for Runge-
     Watts, H.A.   Kutta Methods.
                         Mathematics of Computation 25(1971)
                         Nr. 115, S.445...455.

/57/ Treanor, C.E.   A Method for the Numerical Integration
                         of Coupled First-Order Differential
                         Equation with Greatly Different Time
                         Constants.
                         Mathematics of Computation (1966),
                         S.39...45.

/58/ Ceschino, F.   Numerical Solution of Initial Value
     Kuntzmann, J.   Problems.
                         Englewood Cliffs, N.J.: Prentice Hall,
                         Inc., 1966.

/59/   Programmbibliothek.
                         Rechenzentrum der Universität Stuttgart.

/60/ Huelsman, L.P.   Digitale Berechnungen in der elemen-
                         taren Netzwerktheorie.
                         München, Wien: R. Oldenbourg Verlag,
                         1972.

/61/ Förster, H.J.   Das neue Wandler-Viergang-Getriebe
     Gaus, H.   W4A 040 von Mercedes-Benz.
                         Sonderdruck aus: ATZ Automobiltech-
                         nische Zeitschrift 82(1980)H.3.S.111...116

/62/ Ehrlinger, J.   Das automatische ZF-Getriebe HP 500.
     Kuhn, W.   Sonderdruck aus: ATZ Automobiltech-
                         nische Zeitschrift 79(1979)H.9.

/63/ Hesselbach, J.   Digitale Lageregelungen an numerisch
                         gesteuerten Maschinen. Ein Beitrag zur
                         Untersuchung zeitdiskreter Regelalgo-
                         rithmen.
                         Stuttgart: Dr.-Ing. Diss.,1981.

/64/ Unbehauen, H.   Ein graphisch-analytisches Rechenver-
                         fahren zur Bestimmung des Frequenzgan-
                         ges aus der Übergangsfunktion.
                         Regelungstechnik (1963)H.12,S.551...556

Berichte aus dem Institut für Steuerungstechnik der Werkzeugmaschinen und Fertigungseinrichtungen der Universität Stuttgart

Herausgegeben von Prof. Dr.-Ing. G. Stute †

Erschienen:

ISW 1 bis ISW 30 vergriffen

ISW 1: D. Schmid, Numerische Bahnsteuerung, 89 S., 1972

ISW 2: H. Schwegler, Fräsbearbeitung gekrümmter Flächen, 111 S., 1972

ISW 3: J. Eisinger, Numerisch gesteuerte Mehrachsenfräsmaschinen, 90 S., 1972

ISW 4: R. Nann, Rechnersteuerung von Fertigungseinrichtungen, 125 S., 1972

ISW 5: G. Augsten, Zweiachsige Nachformeinrichtungen, 140 S., 1972

ISW 6: B. Karl, Die Automatisierung der Fertigungsvorbereitung durch NC-Programmierung, 121 S., 1972

ISW 7: H. Eitel, NC-Programmiersystem, 117 S., 1973

ISW 8: E. Knorr, Numerische Bahnsteuerung zur Erzeugung von Raumkurven auf rotationssymmetrischen Körpern, 131 S., 1973

ISW 9: S. Bumiller, Viskohydraulischer Vorschubantrieb, 123 S., 1974

ISW 10: K. Maier, Grenzregelung an Werkzeugmaschinen, 139 S., 1974

ISW 11: J. Waelkens, NC-Programmierung, 159 S., 1974

ISW 12: E. Bauer, Rechnerdirektsteuerung von Fertigungseinrichtungen, 138 S., 1975

IWS 13: H. König, Entwurf und Strukturtheorie von Steuerungen für Fertigungseinrichtungen, 206 S., 1976

ISW 14: H. Damshon, Fünfachsiges NC-Fräsen, 143 S., 1976

ISW 15: H. Jetter, Programmierbare Steuerungen, 141 S., 1976

ISW 16: H. Henning, Fünfachsiges NC-Fräsen gekrümmter Flächen, 179 S., 1976

ISW 17: K. Boelke, Analyse und Beurteilung von Lagesteuerungen für numerisch gesteuerte Werkzeugmaschinen, 106 S., 1977

ISW 18: F.-R. Götz, Regelsystem mit Modellrückkopplung für variable Streckenverstärkung, 116 S., 1977

ISW 19: H. Tränkle, Auswirkungen der Fehler in den Positionen der Maschinenachsen beim fünfachsigen Fräsen, 103 S., 1977

ISW 20: P. Stof, Untersuchungen über die Reduzierung dynamischer Bahnabweichungen bei numerisch gesteuerten Werkzeugmaschinen, 118 S., 1978

ISW 21: R. Wilhelm, Planung und Auslegung des Materialflusses flexibler Fertigungssysteme, 158 S., 1978

ISW 22: N. Kappen, Entwicklung und Einsatz einer direkten digitalen Grenzregelung für eine Fräsmaschine mit CNC, 123 S., 1979

ISW 23: H. G. Klug, Integration automatisierter technischer Betriebsbereiche, 124 S., 1978

ISW 24: D. Binder, Interpolation in numerischen Bahnsteuerungen, 132 S., 1979

ISW 25: O. Klingler, Steuerung spanender Werkzeugmaschinen mit Hilfe von Grenzregeleinrichtungen (ACC), 124 S., 1979

ISW 26: L. Schenke, Auslegung einer technologisch-geometrischen Grenzregelung für die Fräsbearbeitung, 113 S., 1979

ISW 27: H. Wörn, Numerische Steuersysteme - Aufbau und Schnittstellen eines Mehrprozessorsteuersystems, 141 S., 1979

ISW 28: P. B. Osofisan, Verbesserung des Datenflusses beim fünfachsigen NC-Fräsen, 104 S., 1979

ISW 29: J. Berner, Verknüpfung fertigungstechnischer NC-Programmiersysteme, 101 S., 1979

ISW 30: K.-H. Böbel, Rechnerunterstütze Auslegung von Vorschubantrieben, 113 S., 1979

ISW 31: W. Dreher, NC-gerechte Beschreibung von Werkstücken in fertigungstechnisch orientierten Programmsystemen, 105 S., 1980

ISW 32: R. Schurr, Rechnerunterstützte Projektierung hydrostatischer Anlagen, 115 S., 1981

ISW 33: W. Sielaff, Fünfachsiges NC-Umfangsfräsen verwundener Regelflächen. Beitrag zur Technologie und Teileprogrammierung, 97 S., 1981

ISW 34: J. Hesselbach, Digitale Lageregelung an numerisch gesteuerten Fertigungseinrichtungen, 111 S., 1981

ISW 35: P. Fischer, Rechnerunterstützte Erstellung von Schaltplänen am Beispiel der automatischen Hydraulikplanzeichnung, 111 S., 1981

ISW 36: U. Ackermann, Rechnerunterstützte Auswahl elektrischer Antriebe für spanende Werkzeugmaschinen, 118 S., 1981

ISW 37: W. Döttling, Flexible Fertigungssysteme – Steuerung und Überwachung des Fertigungsablaufs, 105 S., 1981

ISW 38: J. Firnau, Flexible Fertigungssysteme – Entwicklung und Erprobung eines zentralen Steuersystems, 112 S., 1982

ISW 39: A. Herrscher, Flexible Fertigungssysteme – Entwurf und Realisierung prozeßnaher Steuerungsfunktionen, 103 S., 1982

ISW 40: U. Spieth, Numerische Steuersysteme – Hardwareaufbau und Ablaufsteuerung eines Mehrprozessorsteuersystems, 115 S., 1982.

ISW 41: A. Schimmele, Rechnerunterstützter Entwurf von Funktionssteuerungen für Fertigungseinrichtungen, 106 S., 1982

ISW 42: M. Sanzenbacher, NC-gerechte Beschreibung von Werkstücken mit gekrümmten Flächen, 105 S., 1982.

ISW 43: W. Walter, Interaktive NC-Programmierung von Werkstücken mit gekrümmten Flächen, 112 S., 1982.

ISW 44: J. Huan, Bahnregelung zur Bahnerzeugung an numerisch gesteuerten Werkzeugmaschinen, 95 S., 1982.

ISW 45: H. Erne, Taktile Sensorführung für Handhabungseinrichtungen – Systematik und Auslegung der Steuerungen, 111 S., 1982.

ISW 46: D. Plasch, Numerische Steuersysteme – Standardisierte Softwareschnittstellen in Mehrprozessor-Steuersystemen, 112 S., 1983

ISW 47: Z. L. Wang, NC-Programmierung – Maschinennaher Einsatz von fertigungstechnisch orientierten Programmiersystemen, 103 S., 1983

ISW 48: J. Schwager, Diagnose steuerungsexterner Fehler an Fertigungseinrichtungen, 121 S., 1983

ISW 49: P. Klemm, Strukturierung von flexiblen Bediensystemen für numerische Steuerungen, 113 S., 1984

ISW 50: W. Runge, Simulation des dynamischen Verhaltens elektrohydraulischer Schaltungen – Einsatz von geräteorientierten, universellen Simulationsbausteinen, 132 S., 1984

ISW 51: H. Steinhilber, Planung und Realisierung von Werkzeugversorgungssystemen für die NC-Bearbeitung, 131 S., 1984

ISW 52: R. Ohnheiser, Integrierte NC-Steuerdatenerstellung für flexible Fertigungssysteme, 115 S., 1984

Springer-Verlag
Berlin · Heidelberg · New York · Tokyo